美丽的365天！

时尚穿搭
配色手册

[日本] 季里花丸 著

陈思 译

江苏凤凰美术出版社

大家好！我是季里花丸。

这是我人生第一次写穿搭方面的书籍，非常感谢您的购买。

如果这本书能成为大家的时尚宝典，我会非常高兴！

我整整用了 2 周时间去拍摄书中 365 种穿搭的图片。

没有拍摄经验的我摆了很多姿势，请大家不要只看搭配，

也要关注一下表情和姿势！

总之，希望大家可以把这本书当作穿衣搭配的参考宝典，

去轻松愉悦地阅读。

我努力将它写成一本时尚风格指南，

让我们一起来感受"季里花丸的搭配风格"吧！

现在，出发吧！

目录

FASHION
时尚穿搭篇

PERSONAL
个人生活篇

本书中季里花丸的穿搭

仅使用 3 种低饱和色完成搭配

时尚达人季里花丸，她曾与人气品牌合作，并创立了自己的品牌，

在日本社交网络上的粉丝总数超过 140 万人。

她的穿搭风格自在随性、轻松舒适，极具人气！

这种风格的秘密武器就是

采用低饱和色的 3 色穿搭法！

搭配法则
Coordination rule

色 调 相 同、
轻 松 百 搭、
季 里 花 丸 式 的 15 个

选用 3 种同色系的色彩，
也可以仅选用 1 种色彩
作为基调色进行搭配。
享受多种多样的
3 色穿搭吧！

驼色

米色

棕色

酒红色

芥末黄色

淡绿色

苔绿色

黄绿色

这里有春夏秋冬、各种风格的穿搭
都适用的配色技巧！
一边阅读本书，
一边试着模仿吧。

15 种

低饱和色

身高
154 cm！

确认！
使用3色配色。

3 色

配色方案完成！

试着有意识地运用"3色穿搭法"，
轻松地完成一套上下装比例协调的
时尚穿搭吧！

少女感、时尚、易搭配，
我爱可以实现这一切的低饱和色！

暗粉色　白色　灰色　黑色

雾霾蓝　藏青色　紫色

在低饱和色穿搭中，
通过搭配包和鞋
加入黑色和棕色，
会巧妙地起到
收束视觉效果的作用！
同时，也要关注配饰的
搭配技巧哟！

时 尚 穿 搭 篇
FASHION

第 1 章

大家好，我是季里花丸

穿搭的色彩，会真实地表现当下的心情。
下面讲述了契合时尚潮流的、关于季里花丸的色彩故事。

大家好！
hello!
我是
I'm
季里花丸
kirimaru.

棕色，
适合我个人的风格，
也是平时爱穿的色彩。

第 001 天 + ● ● ●

无论什么时候，棕色都非常百搭，并给人舒适感，我很喜欢棕色。

衬衫
背带裙
眼镜

像花儿一样
纤细脆弱的少女，
适合淡粉色。

第002天 + ●●●

一颗天真无邪的少女心，想要永远穿柔和的粉色。

连衣裙
裤子
帽子
单耳耳环
吊带背心
浅口鞋

总之，我很喜欢暖色调，既适合自己，又能营造
正能量的气氛。

发箍
连衣裙
单耳耳环
拖鞋

时 尚 弄 潮 儿 ， 芥 末 黄 振 奋 心 情 ！

与 酒 红 色 为 伴 ， 打 造 熟 女 气 质 。

第 004 天 + ●●○

偶尔也会搭配热情的颜色，尝试熟女风。

连衣裙　　　发箍　　　耳环　　　字母戒指、尾戒　　　靴子

清透的淡蓝色，
让人积极向上、
不断进步。

穿上适合自己的浅色，迎接令人雀跃的未来！

衬衫
裙子
耳环
凉鞋

深度剖析穿搭技巧

第一步
step **1.** 调节视觉身高，
创造平衡的身材比例

第二步
step **2.**

→
下一步

RULE
技**1**巧

上下宽松，
营造时尚的
松弛感
↓
第**22**页

RULE
技**2**巧

上衣下摆
扎进下装，
显腿长
↓
第**26**页

RULE
技**3**巧

选择不挑
身材曲线
的材质
↓
第**30**页

RULE
技**4**巧

在甜美风格中，
点缀黑色
小饰品
↓
第**34**页

季里花丸的穿搭在时尚穿搭网站"WEAR"上得到超过 14 万粉丝的支持，让我们来透彻地分析一下吧！

身高 154 cm 的季里花丸穿搭的衣服，为什么看起来如此可爱、如此时尚呢？

下面来解答这些疑问。造型的技巧主要有 8 条！

单品全是作者的私人物品。

私服 80 套

有这些就万无一失——
3 个王道单品

第三步 step 3. 改变穿着方式，进行穿搭升级

下一步

RULE

技 5 巧

帆布鞋
果然百搭
↓
第 38 页

RULE

技 6 巧

推荐
无领衬衫
↓
第 41 页

RULE

技 7 巧

略微
露出内搭的
叠穿技巧
↓
第 44 页

RULE

技 8 巧

美中不足时，
搭件马甲
↓
第 49 页

RULE

技巧 **1** 巧

上下宽松，
营造时尚的松弛感

季里花丸的私服搭配，
裤子的占比很高。
比起合身的裤子，
选择宽松款并挽起裤脚，
身材比例会显得更好。
上衣也搭配宽松的款式，
这套穿搭看起来现代时尚又轻松自在。

第

006

天

+

虽然随性，但看起来很时尚的
宽松造型

印有 logo 的上衣加上棉外套的
休闲穿搭，配上宽松的裤子显得
自在随性。

外套
T恤
裤子
发箍
帆布鞋

上 下 宽 松， 营 造 时 尚 的 松 弛 感

将锥形裤穿出休闲感

第 007 天 +

想把小脚裤穿出帅气感，
搭配短外套和运动鞋才是正解。

外套
针织衫
裤子
帆布鞋

第 008 天 +

带有裤缝和裤脚开衩设计的裤子，
让腿看起来更修长。
驼色的搭配也很出众！

外套
上衣
裤子
发箍
乐福鞋

将锥形裤穿出好品位

第 010 天 +

搭配有跟的短靴更容易提升穿搭的品位。
如果再加件长外套，
会凸显线条感，在视觉上拉长身高。

外套
针织衫
裤子
发箍
靴子

第 009 天 +

宽松的裤子自带舒适感。
开衫上有花纹，
建议其他搭配选用简单的白色。

开衫
内搭上衣
裤子
发箍
包
帆布鞋

第 011 天 + ● ●

开衩裤子是不可多得的单品，
即使上半身厚重一点，
看起来也很清爽。裤腿宽，
更容易掌握整体的平衡。

外套
内搭针织衫
裤子
高跟鞋

第 012 天 + ● ● ●

想要清晰地展示裤形，
搭配高跟鞋是不二之选。
再配件开衩针织衫，
美丽的穿搭就完成了。

针织衫
裤子
包
靴子

第 013 天 + ● ● ●

长款的大号针织衫，
卷起袖口显得自在随性。
搭配高跟鞋避免土气。

针织衫
裤子
包
靴子

第 014 天 + ● ● ●

格子裤担当今天的主角。
搭配同色系的帆布鞋，
整体搭配和谐统一。
内搭棕色打底衫。

针织衫
内搭上衣
裤子
帆布鞋

上 下 宽 松 ， 营 造 时 尚 的 松 弛 感

第 015 天 +

第 016 天 +

长款开衫品质优秀，
轻松打造出 A 字形连衣裙的感觉，
可搭配凸显优雅的裤装。

开衫
内搭上衣、高跟鞋
裤子
发箍

休息日的时候，
宽宽大大的搭配
穿出少年感

第 017 天 +

不想费神搭配的时候，
就穿上一身宽大的服装放松一下。
相应的重点是将头发扎起来，
保持清爽。

卫衣
裤子
包
运动鞋

裤子越宽松，越显得帅气。
选择短款上衣的话心情也会发生变化。

开衫
上衣
裤子
靴子

25

RULE

技 **2** 巧

上衣下摆
扎进下装，
显腿长

虽然我喜欢穿宽松的裤子塑造休
闲风格，但想要有所变化的话，
例如想让身材看起来更好，把上
衣下摆扎进去，形象就会大不相
同哦。特别是夏天，上下装的搭
配比较多，所以扎进去的情形也
会更多。

第
0**18**
天
+

上衣下摆扎进下装，
显腿长

宽松版的上衣进下装显得更简洁。
少女风的半裙搭配长 T 恤和渔夫帽，
完成街头混搭风装扮。

上衣
裙子
帽子
包
袜子
玛丽珍鞋

26

上 衣 下 摆 扎 进 下 装 ， 显 腿 长

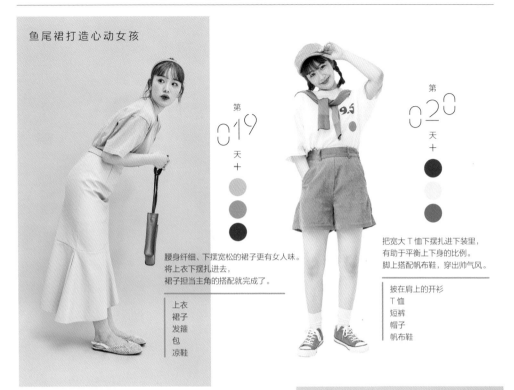

鱼尾裙打造心动女孩

第 019 天 +

腰身纤细、下摆宽松的裙子更有女人味。
将上衣下摆扎进去，
裙子担当主角的搭配就完成了。

上衣
裙子
发箍
包
凉鞋

第 020 天 +

把宽大 T 恤下摆扎进下装里，
有助于平衡上下身的比例。
脚上搭配帆布鞋，穿出帅气风。

披在肩上的开衫
T 恤
短裤
帽子
帆布鞋

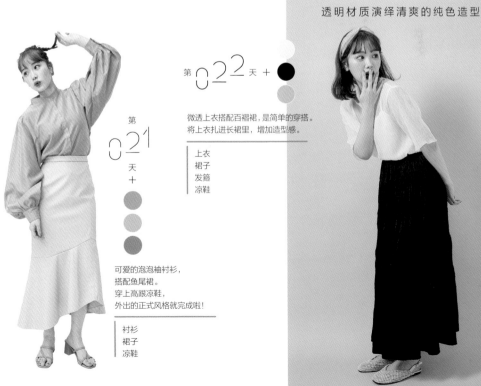

透明材质演绎清爽的纯色造型

第 022 天 +

微透上衣搭配百褶裙，是简单的穿搭。
将上衣扎进长裙里，增加造型感。

上衣
裙子
发箍
凉鞋

第 021 天 +

可爱的泡泡袖衬衫，
搭配鱼尾裙。
穿上高跟凉鞋，
外出的正式风格就完成啦！

衬衫
裙子
凉鞋

第 023 天 +

想要凸显休闲风格，
选择与长 T 恤 logo 色彩呼应的
披肩作点缀。搭配浅口鞋，很有淑女气息。

披肩
上衣
裤子
浅口鞋

第 024 天 +

将后背印花的可爱 T 恤下摆扎进裤子，
立刻显腿长，秒变高挑。
搭配毛线帽和帆布鞋打造街头风。

T 恤
裤子
毛线帽
包
帆布鞋

季里花丸式的美式休闲造型。
军绿色搭酒红色，绝配。
使用白色作为中间色，配色很漂亮。

上衣
裤子
帆布鞋

第 025 天 +

第 026 天 +

将宽松的针织衫也扎进裙子里。
整体轮廓看起来更利落，
喇叭袖彰显淑女气质。

针织衫
裙子
包
靴子

上 衣 下 摆 扎 进 下 装 ， 显 腿 长

第
027
天
+

用裤装塑造假小子造型

第
028
天
+

皮革裤子搭配灯芯绒外套，
帅气十足。
搭配短靴提升造型感。

外套
内搭上衣
裤子
靴子

第
029
天
+

将泡泡袖衬衫扎进羊毛裤中。
用蝴蝶结发饰增添少女感，
秋天的裤装搭配就完成了。

衬衫
裤子
蝴蝶结发饰
帆布鞋

芥末黄搭黑色，是漂亮又有品位的装扮。
搭配乐福鞋，演绎复古俏皮女孩。

衬衫
裙子
乐福鞋

选择不挑身材曲线的材质

尽量选择不凸显身材曲线的材质和版型，也是蓬松搭配的诀窍。
特别是连衣裙的通用性很强。但为了不显邋遢，
巧妙地加入帽子等配饰非常重要。

第
0 3 0
天 ＋

面料柔软的连衣裙，
我最喜欢了

一件单品即可打造出气质温柔的女孩，
非小碎花图案的连衣裙莫属！
肩上披一件开衫是点睛之笔。

披在肩上的开衫
连衣裙
浅口鞋

选 择 不 挑 身 材 曲 线 的 材 质

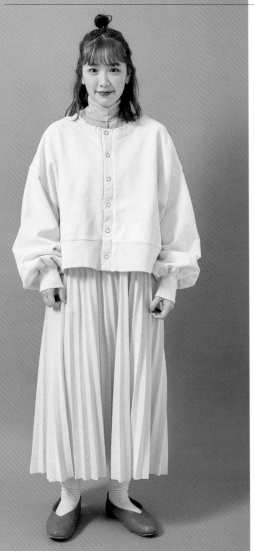

第

032

天
＋

为素色的连衣裙搭配
系带帽子和绗缝包，
通过有趣的配饰增添色彩。

连衣裙
帽子
包
玛丽珍鞋

稍 微 露 出 一 点 淡 绿 色 作 为 点 睛 之 笔

第

031

天
＋

宽松的开衫搭配蓬松的百褶裙。
借助内搭上衣和袜子的色彩，
秒变时尚。

开衫
内搭上衣
百褶裙
浅口鞋

利用配饰增添趣味的高级造型

第 033 天 +

袖子宽松肥大，
享受造型变化的乐趣。
改搭运动鞋，更添活力！

背带裙
衬衫
帆布鞋

第 034 天 +

第 035 天 +

紧身的无袖连衣裙里内搭一件 T 恤。
搭配棕色的同色系浅口鞋，
营造出沉稳的感觉。

连衣裙
内搭 T 恤
包
浅口鞋

背带裙很百搭

各种身材都可以驾驭的背带裙
是无敌单品！
搭配紧身或宽松的上衣都好看。

背带裙
内搭上衣
乐福鞋

选 择 不 挑 身 材 曲 线 的 材 质

第 037 + 天

薄款针织衫搭配长款连衣裙，
是穿搭裙子的好方法。
浅色组合很可爱。

针织衫
连衣裙
发箍
包
帆布鞋

第 036 天 +

衬衫式连衣裙的高级穿搭技巧，
即微微露出内搭的长裙，穿出层次感。
棉外套十分实用。

外套
衬衫裙
内搭长裙
浅口鞋

第 038 天 +

搭件裙摆带褶的连衣裙，
充满动感又舒适，穿起来很开心。
粉色系造型十分可爱。

毛衣开衫
连衣裙
帽子
包
浅口鞋

33

在甜美风格中，
点缀黑色小饰品

黑色单品适合任何搭配，正因如此，
只要运用得当，则时尚感飙升。
在裙子、连衣裙等淑女气息浓郁的风
格中，可以加入包或鞋子等黑色单品
来调节甜美度，我常这样搭配。

把纯色穿得漂亮又有品位

第 **039** 天

使用黑、白、灰的纯色穿搭。
特意把配饰也统一搭成黑色，
打造出干练高雅的风格。

衬衫
裙子
包
浅口鞋

在 甜 美 风 格 中 ， 点 缀 黑 色 小 饰 品

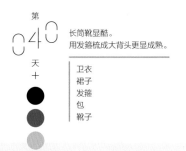

第 040 天 +

长筒靴显酷。
用发箍梳成大背头更显成熟。

卫衣
裙子
发箍
包
靴子

用黑色作点缀的韩国风女孩

像小动物一样毛茸茸的搭配，用黑色抓人眼球

第 041 天 +

棕色和白色的搭配
给人一种柔和的印象，
点缀黑色的迷你包和浅口鞋，
给人一种张弛有度的感觉。

连衣裙
上衣
帽子
包
浅口鞋

第
042
天
＋

宽松背带裙搭配黑色配饰。
偶尔会想穿低饱和度的蓝、白、黑色，
是季里花丸式的色彩游戏。

背带裙
衬衫
包
浅口鞋

第
044
天
＋

打造韩国少女的时尚风格。
羊毛材质的渔夫帽超级百搭。

背带裙
卫衣
帽子
玛丽珍鞋

第
043
天
＋

偶尔尝试一下冷色调的搭配

冷色调加黑色的搭配，
风格更显沉稳。
将头发蓬松地卷起来，
营造可爱的感觉。

背带裙
针织衫
包
玛丽珍鞋

在 甜 美 风 格 中 ， 点 缀 黑 色 小 饰 品

第
045 +
天

深色面积较大时，混搭茶色的配饰。
选择茶色的包和鞋子，显得轻盈。

针织衫
裙子
发箍
包
袜子
浅口鞋

第
046 +
天

浅色调的素净穿搭中，
方形的黑色包是点睛之笔，
造型别致、使用方便，
值得拥有！

针织衫
连衣裙
包
浅口鞋

第
047
天 +

搭配粗犷的双肩包，
营造少女风，
动感十足，活力满满。
黑色背包和红色帆布鞋无疑是绝配！

上衣
裙子
背包
帆布鞋

帆布鞋果然百搭

解决"今天穿什么?"的万能钥匙。
休闲穿搭自不必说,淑女风、军装风等各种造型均可搭配帆布鞋。
拥有1种颜色就够了?不,拥有二三种颜色也不会吃亏!

第 **048** + 天

帆布鞋和休闲造型当然是绝配,
色彩丰富,更推荐用来撞色。

卫衣
裤子
帽子
帆布鞋

超级百搭、好看、时尚的帆布鞋!

帆 布 鞋 果 然 百 搭

可以和淑女风、休闲风等造型混搭

出席稍微正式的商务场合也合适

第

049

天
+

强烈推荐暗红色的帆布鞋
作为撞色单品。
暖色、冷色等各种颜色都能搭配。

● 外套
● 连衣裙
● 发箍
● 帆布鞋

第

050

天
+

如果工作场所可以穿私服的话，
帆布鞋再合适不过了。
推荐将其作为办公室休闲装的常备单品。

● 外套
● 上衣
　裤子
　发箍
　眼镜
　包
　帆布鞋

第
051
天

上下均为尺寸稍大的穿搭，
与帆布鞋的单薄感很相配。
帆布鞋选择与裤子同色系的军绿色。

针织衫
裤子
针织帽
帆布鞋

第
052
天

军绿色非常吸睛，是一大亮点。
适合搭配蓬松造型，
瞬间提升时尚感。

连衣裙
发箍
包
帆布鞋

第
053
天
+

帆布鞋选择和罩衣颜色相近的颜色，
搭配起来会更容易。
鞋子和衣服的色调一致，容易打造时尚感。

针织衫
内搭上衣
裙子
袜子
帆布鞋

用帆布鞋弱化淑女感

宽松连衣裙搭配粉色外套，
用红色帆布鞋降低造型的甜美度，
保持平衡感。

外套
连衣裙
帆布鞋

第
054
天
+

第
055
天
+

纯色服装搭配红色帆布鞋是绝配。
担心搭配有点美中不足的话，
可以用鞋子来增添色彩。

披在肩上的衬衫
卫衣
裙子
帆布鞋

RULE
技 **6** 巧

推荐无领衬衫

要想尝试多样的穿搭风格，
百搭的无领衬衫非常值得推荐。
可以披着，可以叠穿，
当然单穿也没问题。
尝试一下各种组合吧！

超大版型的无领衬衫在搭配上
是万能的！

第 056 天 十

超大版衬衣穿作外套，里面配高领
打底衫很常见。搭配有弹性的下装，
张弛有度不挑身材。

衬衫
内搭上衣
裤子
浅口鞋

选择细长的裤子，
有意识地使用倒三角形，
保持身材比例的平衡。
脖子上的围巾很有腔调！

衬衫
裤子
围巾
帆布鞋

用围巾调节整体的配色比例

衬衫下摆不扎进去，宽松的季里花丸式穿法

裙子要选择不太肥的，看起来清爽。
把腰部以下的衬衫扣子解开，
显得自在随性。

衬衫
裙子
帆布鞋

推 荐 无 领 衬 衫

第
059 +
天

T 恤加裤子的随性搭配，
将衬衫随意地穿作外套，
增加成熟感。
无领款更显自然也更合适。

衬衫
裤子
内搭 T 恤
凉鞋

第
060 +
天

半透明的衬衫在乍暖还寒
的时候十分实用。
配上阔腿裤和凉鞋，
舒适的搭配就完成了！

衬衫
裤子
凉鞋

第
061 +
天

即使是款式简单的衬衫，
只要塞进一侧下摆也能给人新鲜感。
选择深色的下装，
张弛有度不挑身材。

衬衫
裤子
乐福鞋

第
063 +
天

无领衬衫让颈部显得清爽，
可以搭配下半身有分量感的背带裤。
宽大的袖子增添魅力。

背带裤
衬衫
眼镜
浅口鞋

第
062 +
天

浅色系的搭配。
即使裤子宽大，有收腰的话，
也能给人清爽的印象。

衬衫
裤子
蝴蝶结发饰
凉鞋

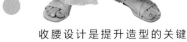

收腰设计是提升造型的关键

43

RULE 技7巧

略微露出内搭的叠穿技巧

提升时尚感的诀窍在于穿出层次感！
在日常的搭配中加入衬衫和高领毛衣，
是季里花丸式穿搭中值得一学的技巧。
只要掌握重点就能轻松地模仿出来，
参考一下试试吧。

略微露出衬衫更显讲究

内搭衬衫

第 064 天 +

白衬衫也经常用来衬托花色毛衣。
搭配短裤和运动鞋，
活泼的穿搭就完成啦！

毛衣
内搭衬衫
短裤
帽子
运动鞋

略 微 露 出 内 搭 的 叠 穿 技 巧

内搭衬衫

白衬衫成为深色穿搭的亮点

第

065

天

＋

为了不让灰绿色和棕色的
深色搭配显得沉闷，
可以内搭白衬衫来提亮配色。

毛衣
裤子
内搭衬衫
浅口鞋

内搭衬衫

卫衣和衬衫是绝配

第

066

天

＋

宽大的卫衣下摆露出白色衬衫，
增加成熟感。
选择能让脖子看起来清爽的
无领衬衫是关键。

卫衣
内搭衬衫
裤子
包
帆布鞋

45

内搭高领上衣

第
067
天
+

外套系有蝴蝶结,
稍微露出一截设计甜美的衣袖,
少女元素更加丰富。
配饰选择不太甜腻的黑色。

开衫
内搭上衣
裙子
发箍
玛丽珍鞋

第
068
天
+

内搭高领上衣

半透明材质的上衣,
叠穿更有女人味。
别忘了用紧身半裙来平衡视觉比例。

羊毛开衫
内搭上衣
裙子
眼镜
帆布鞋

内搭高领上衣

第
069
天
+

只要在驼色连衣裙的领部露出一点白色,
就能轻松营造法式风情。
加上一些皮革配饰,更显高雅。

连衣裙
内搭上衣
眼镜
包
乐福鞋

半透明薄纱材质的高领上衣十分百搭

略 微 露 出 内 搭 的 叠 穿 技 巧

第 070 天 +

第 071 天 +

内搭高领上衣

轻薄的高领打底上衣，
是在针织衫加裙子的宽松搭配中
发挥助力的优秀单品。

针织衫
内搭上衣
裙子
浅口鞋

内搭高领上衣

想要提升卫衣穿搭品位的时候，
高领内搭上衣就该出场了！
用苔绿色撞色，显得清新自然。

卫衣
内搭上衣
裤子
包
帆布鞋

第 072 天 +

内搭高领上衣

紫色、芥末黄的深色组合，
可以用白色单品来搭配。
内搭上衣和鞋子的颜色相近，互相呼应。

开衫
内搭上衣
裤子
浅口鞋

内搭衬衫连衣裙

衬衫和下装都带开衩的高级叠穿技巧。
搭配颜色偏深的开衫，
起到修身的效果。

开衫
内搭上衣
裤子
浅口鞋

第 073 天 +

利用衬衫打造渐变色

内搭衬衫连衣裙

第 075 天 +

浅色系的搭配，
加入白衬衫，更加亮眼。
较长的下摆露出来，
表现出适当的松弛感。

针织衫
内搭上衣
裙子
帆布鞋

内搭高领上衣

第 074 天 +

低饱和色之间叠穿非常好搭，
推荐！
下装和配饰的颜色要深，
显瘦显身材。

马甲
包
内搭上衣
裤子
帆布鞋

内搭衬衫

第 076 天 +

加入一件白衬衫，
使同色系的搭配变得吸睛又漂亮。
带裤线的裤子更加精致得体。

针织衫
内搭上衣
裤子
帆布鞋

RULE 8 技巧 美中不足时，搭件马甲

在不知道如何搭配的时候，或是觉得美中不足的时候，搭件马甲不会出错。
用针织和绗缝等工艺来调整整体的视觉平衡，马甲也有多种穿法！

百搭的、毛茸茸的马甲是必备品

第 077 天 +

人造毛材质的马甲十分优秀，赋予穿搭更多的温度和韵味。搭配同材质的贝雷帽，很时尚！

马甲
条纹衫
裙子
帽子
浅口鞋

第
0 78
天 +

要想让两件针织上衣搭配得体，而且
看起来又时尚的话，整体配色很关键。
如果上身叠穿了深色，
下装颜色要尽量明亮一些。

马甲
毛衣
裤子
靴子

用"V"领马甲提升气质

第
0 79
天 +

大廓形衬衫搭配马甲，
演绎复古风。
戴上毛线帽，不忘童心。

马甲
衬衫
裤子
毛线帽
乐福鞋

将两件针织材质的上衣叠穿，
别出心裁，很有新意

美 中 不 足 时 ， 搭 件 马 甲

第 **080** 天 +

宽松的针织马甲也可以穿出淑女风！
浅色系组合，
散发出温柔的气息。

马甲
内搭上衣
裙子
浅口鞋

绗缝设计的长马甲，
成了穿搭的点睛之笔。
解开扣子，
不经意地露出裤子的颜色。

马甲
内搭上衣
裤子
乐福鞋

第 **081** 天 +

第 **082** 天 +

第 **083** 天 +

长款衬衫搭配短款马甲。
长款衬衫侧开衩露出苔绿色裤子，
让人感觉很独特。

马甲
内搭上衣
裤子
浅口鞋

第 **084** 天 +

"V"领马甲的最佳搭配，
腰间系上腰带，时尚有型。

马甲
内搭上衣
裤子
靴子

针织衫和花纹裤的搭配。
要想穿出时尚感，一件绗缝马甲轻松搞定。
混搭不同材质，做个穿搭高手。

马甲
内搭上衣
裤子
靴子

第 **085** 天 +

简洁大方的长款衬衫配上短款针织马甲
是不二之选。
如果将其他服饰的配色统一为棕色系，
就能轻松打造出一套稳重成熟的穿搭。

马甲
内搭上衣
裤子
浅口鞋

第 3 章

7 种可爱的配色

推荐的3色穿搭

从最符合我个人风格的3种色彩开始，
到平时很少穿的配色组合，我一共尝试了7组穿搭配色哦！
你喜欢什么颜色呢？

01

米色 / 灰色 / 淡蓝色

**清爽温柔的
3 个低饱和色**

第

086

天

淡蓝色连衣裙搭配米色配饰，
呈现微甜的少女风，
营造一种穿上就会想去春游的感觉。

连衣裙
帽子
包
浅口鞋

第 087 天

看似简单平淡，实则在大纽扣和链条
包等细节上搭配得游刃有余。
戴上耳环，面部周围也变得引人注目
起来。

开衫
裙子
浅口鞋
包
耳环

让我们
一起歌唱！

第 088 天

驼色流苏马甲百搭又可爱！
材质特别，造型俏皮活泼。

马甲
上衣
裤子
浅口鞋

嘿！你好！

第 089 天

超大版型的卫衣
搭配舒适度超群的裤子，
心情放松，穿着舒适。

卫衣
裤子
耳环
戒指
凉鞋

第 090 天

纯度较高的蓝色是穿搭的
点睛之笔！
灰色短裙塑造出活力少女
的形象。

外套
裙子
内搭上衣
帆布鞋

第 091 天

蕾丝马甲作为衬托，
充满童话气息的连衣裙担当主角。
脚踝处露出肌肤，自在随性。

连衣裙
帽子
凉鞋

02

米色 / 棕色 / 驼色

说起季里花丸就会想起这 3 种色彩，
但营造的意象却又如此多变！

第
092
天

以风衣为主的复古穿搭。
白色袜子搭配豹纹浅口鞋，
轻松摆脱厚重感。

外套
内搭上衣
包
浅口鞋

第
093
天

西装搭配 A 字形连衣裙给人留有淑女的印象。
稍微露出连衣裙的袖口，显得轻松随性。

西装
连衣裙
戒指
包
浅口鞋

哇！

第
094
天

在休闲风格的搭配上用大耳环和皮包来点缀。
豹纹浅口鞋穿搭玩起来！

针织衫
裤子
耳饰
包
浅口鞋

第
095
天

"V"领长裙、扎起的头发，
都给人清爽的感觉。
随步伐摆动的裙子十分可爱。

连衣裙
发箍
包
凉鞋

第
096
天

整套服饰统一搭配低饱和色，
给人以温柔的印象。
用皮革短裙增加趣味性。

外套
内搭上衣
裙子
子母包
靴子

第
097
天

宽松的上衣搭配阔腿裤，
看起来既随性又漂亮。
上下都用暖色调，风格统一。

衬衫
裤子
耳饰
凉鞋

03

米色 / 淡绿色 / 棕色

**随着基调色的变化
印象也随之改变的 3 色配色组合**

第
098
天

搭配腰带，瞬间提升宽松版型衬衫的
造型感。下装搭配厚实的绗缝长裤，
张弛有度，收放自如。

衬衫
裤子
耳饰
皮带
凉鞋

漂亮的裙装搭配

第 099 天

同色系的搭配，
把户外出行的服装穿出高级感。
凉鞋和包尽量统一色系，
显得时尚、随意、不呆板。

连体裤
上衣
包
凉鞋

第 100 天

蕾丝上衣搭配喇叭裙，
可爱值直线攀升的洋娃娃风格。
与脚上雅致的棕色形成撞色。

上衣
裙子
耳饰
浅口鞋

第 102 天

高领的针织马甲，再扎个丸子头，
凸显身材，优化视觉比例。
搭配运动鞋，休闲舒适。

针织马甲
连衣裙
帆布鞋

第 101 天

清爽色系结合深棕色的穿搭配色，
用露趾凉鞋增添随性感，保持穿搭的平衡感。

开衫
裤子
包
凉鞋

第 103 天

想要打扮得漂漂亮亮时的造
型。搭配皮裙，不会过于甜美，
轻松实现淑女的职场风格。

上衣
外套
裙子
浅口鞋

第 1 0 4 天

用标准色打造优雅的装扮。以冷色调为主，
统一搭配浅色系内搭的话，很适合春天。

外套
内搭上衣
浅口鞋
裤子

第 1 0 5 天

运动服搭配牛仔背带裤，清新帅气。
再搭配一双浅口鞋，保留淡淡的女人味。

背带裤
上衣
浅口鞋

04

米色 / 白色 / 藏青色

非常经典的配色
有助于充分发挥穿搭技巧的 3 种颜色

第 1 0 6 天

简单大方的罩衫搭配牛仔裤，
休闲的穿法给人留下好印象。
米色的包包营造出素雅沉静的意象。

罩衫
裤子
包
浅口鞋

第 1 0 7 天

外套担当主角的高品位时尚穿搭。
选择皮革配饰，打造淑女风格。

外套
包
浅口鞋

第 108 天

在凸显身材的上衣外套上一件宽松
版的马甲，张弛有度且不挑身材。皮
质浅口鞋增加成熟感。

马甲
内搭上衣
裤子
浅口鞋

第 109 天

马甲搭配长裙，打造乖乖女的形象。
手工串珠包是点睛之笔。

上衣（带马甲）
裙子
包
浅口鞋

第 112 天

白色罩衫和喇叭裙的组合富有女人味，
披一件藏青色的外套，搭配凉鞋更显
随性自在。

外套
裙子
上衣
包
凉鞋

第 110 天

以一件优秀的假两件套连衣裙作为主角，
脚上随意搭配一双帆布鞋，富有动感和活力。

连衣裙
包
帆布鞋

第 111 天

轻松叠搭的关键是宽松版的牛仔斗篷！
露趾凉鞋给人轻松舒适的感觉。

斗篷
内搭针织衫
裤子
凉鞋

第 113 天

宽松版的牛仔背带裤十分帅气。
搭配高跟靴和小皮包，尽显少女感。

上衣
背带裤
包
眼镜
靴子

05

白色 / 黑色 / 棕色

成熟大气的 3 种颜色，大胆尝试吧！

第
114
天

皮裙和网眼长靴搭配出高级的造型。
丸子头，搭丝巾，更加引人注目。

外套
裙子
丝巾
靴子

第
115
天

牛仔裤和短外套的休闲穿搭，搭
配靴子，增添了几分淑女感。

外套
裤子
包
靴子

第
116
天

华丽的风格通过搭配黑色和棕色
来增加时尚感。点缀些浅色的、
风格相符的配饰，避免用力过度。

上衣
裙子
包
浅口鞋

第
117
天

宽松版的长 T 恤配上短款针织吊
带背心，这一穿搭女人味十足。
再搭配白色的靴子，提升造型
品位。

吊带背心
长 T 恤
靴子

第
118
天

开衫毛衣可以清晰地露出肩颈线
条，把下摆扎进白色裤子里。要
知道，越简单的搭配看起来越漂
亮（搭配越简单，就越耐看）。

上衣
裤子
浅口鞋

想打网球吗？

随性的 T 恤穿搭，背部印花激发了
我想打扮的心思。配上帽子和浅口
鞋，提升可爱感。

T 恤
裤子
帽子
浅口鞋

第
120
天

第
121
天

第
122
天

第
123
天

短款的外套和内搭上衣让腿看起
来更长，这是显身材的秘诀。用
有花纹的包来衬托简单的穿搭。

外套
上衣
裤子
包
凉鞋

即使是以开衫、连衣裙为主的轻
松造型，用纯色来搭配，看起来
也很时尚。秘诀是配饰要选择简
洁款。

开衫
连衣裙
包
凉鞋

即使是简单的 3 色搭配，采用薄
款微透的衣服叠穿的话，也会轻
松变时尚！再扎上一条腰带，凸
显身材比例，彰显个性和时尚。

连衣裙
内搭上衣
裤子
皮带
包
浅口鞋

上衣和裤子选择不同材质，
享受混搭的乐趣。
漂亮的白色浅口鞋是点睛之笔。

上衣
裤子
浅口鞋

06

苔绿色 / 白色 / 米色

温暖治愈的 3 种大地色

第124天

通常绿色不太好搭，但苔绿色的连衣裙却很容易搭配。色彩柔和的穿搭要配少女风的麻花辫。

连衣裙
包
浅口鞋

第125天

色彩亮丽的针织马甲与纯色单品搭配，达到了完美的平衡！脚上穿一双凉鞋，舒适随性。

马甲
内搭连衣裙
裤子
凉鞋

第126天

苔绿色的连衣裙担当主角，相搭配的单品要色调一致哦。推荐这样穿搭绿色。

外套
连衣裙
包
浅口鞋

第127天

上下装都搭配大地色，休闲造型也有了季里花丸式的特色。开衫搭在肩上，和这套穿搭很相配。

肩上披的开衫
外套
裤子
戒指
帆布鞋

第128天

舒适又时髦的卫衣搭配喇叭裙，尝试一下甜美的穿法也很棒。选择纯白色，增添成熟感。

卫衣
包
裙子
耳饰
凉鞋

第 129 天

连衣裙线条明朗，版型宽松，满满的度假风。加上一条丝巾，很有淑女气息的夏日搭配。

连衣裙
丝巾
包
穆勒鞋

第 130 天

上装休闲，下装女人味十足。如果色调和谐的话，即使不同风格混搭，整体也统一和谐。

肩上披的衬衫
上衣
裙子
浅口鞋

第 131 天

搭配外套，压住可爱连衣裙的甜美感。为了不过于休闲，选择浅口鞋。

外套
连衣裙
浅口鞋

第 132 天

大自然色调的连衣裙，搭配一双淑女风的尖头高跟鞋，打造舒适又时尚的装扮。

连衣裙
内搭针织衫
高跟鞋

第 133 天

适合外出的休闲穿搭。穿着宽松的衬衫和针织裤好好放松一下吧。

衬衫
内搭上衣
裤子
帆布鞋

第 134 天

麂皮外套和复古少女风连衣裙，打造甜酷风。脚上搭配米白色靴子，看起来轻盈明快。

外套
连衣裙
靴子

07

黑色 / 紫色 / 粉色

季里花丸推荐的甜美 3 色组合，送给想把黑色穿出甜美感的你……

第 135 天

大胆尝试全身大面积搭配粉色和紫色，十分俏皮。将色调相近的浅色搭配在一起，是彰显时尚的诀窍。

衬衫
裤子
包
凉鞋

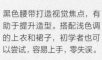

黑色腰带打造视觉焦点，有助于提升造型。搭配浅色调的上衣和裙子，初学者也可以尝试，容易上手，零失误。

上衣
裙子
皮带
包
凉鞋

第 136 天

甜美、可爱

第 137 天

针织马甲和气质沉静的衬衫款连衣裙是绝配！黑色配饰更显质感，提亮整体的搭配。

马甲
衬衣款连衣裙
包
凉鞋

第 139 天

第 138 天

蝴蝶结衬衫和喇叭裙很有淑女风。即使全身都是打造甜美风格的单品，花点心思巧妙地搭配黑色，增加了成熟感。裙子前短后长，随着伐摇曳，十分漂亮。

手上拿的外套
衬衫
裙子
靴子

黑色下装的时尚穿法。颈部露出高领蕾丝内搭上衣，引人注目。

开衫
内搭上衣
裤子
浅口鞋

第 140 天

选择了大纽扣款的开衫，再加上蓬松的丝毛面料，黑色也会显得很可爱。搭配带裤缝的裤子，更显品位。

开衫
内搭上衣
裤子
包
高跟鞋

第 141 天

宛如樱花色调的温柔春装。蓬松的裙子搭配紧身的上衣，张弛有度。

针织衫
裙子
浅口鞋

第 142 天

网纱衬衫和漂亮的裤子，打造女人味十足的穿搭。黑色的配饰凸显淑女风。

上衣
内搭吊带衫
裤子
包
凉鞋

第 143 天

半透明的上衣和美丽的百褶裙，少女感十足。穿双黑色凉鞋进行点缀。

上衣
裙子
凉鞋

第 144 天

复古的时尚风，氛围感拉满！想要看起来更加有型，建议将黑色上衣扎进裤装。

外套
裤子
内搭上衣
靴子

第 145 天

黑色配饰可谓是点睛之笔，配色上大胆选用了粉色和紫色。搭配诀窍是加入少许流行元素。

外套
连衣裙
帽子
凉鞋

百搭才是王道

我想尽情享受时尚，
但买不起太多衣服……
越是这样，越应该买百搭的万能单品。
容易搭配 ＝ 性价比高

I WANT TO E

今天就穿T恤搭配裤子吧！
不，还是喇叭裙吧，
连衣裙也很合适呢……

打扮
风格百变的自己，
很开心。

单品 ① 米 色 T 恤

选择白色的话，会让人觉得过于休闲，米色更能衬托女孩的气质！

A 第 146 天 ＋

B 第 147 天 ＋

C 这件 第 148 天 ＋

D 第 149 天 ＋

E 第 150 天 ＋

略带粉色的米色，
简单大方又不失甜美！

（造型 A）	**（造型 B）**	**（造型 C）**	**（造型 D）**	**（造型 E）**
小碎花连衣裙也很好看！	米色和苔绿色的单品也是绝配。将上衣扎进去，更修饰身材！	搭配米色的话，牛仔背带裤也会增添可爱感！与红色帆布鞋形成撞色。	搭配深蓝色系裙裤的话，不会太过甜美。	米色加芥末黄的日常配色，但版型张弛有度。搭配高跟鞋，清爽利落。
连衣裙 帽子 凉鞋	裙子 包 浅口鞋	背带裤 帆布鞋	裙裤 包 浅口鞋	裤子 浅口鞋

67

单品 ② 驼 色 格 子 西 装

驼色西装可以和任何颜色轻松搭配，尽情享受秋冬穿搭的乐趣。

这件

A 第
151
天
＋

B 第
152
天
＋

C 第
153
天
＋

用格子西装
打造中性风格

D 第
154
天
＋

E 第
155
天
＋

（ 造型 A ）

搭配清爽的蓝色打造脱
俗感。

内搭上衣
裙子
凉鞋

（ 造型 B ）

想要形成强烈对比色的
话，就选和驼色很搭的黄
绿色！

内搭上衣
裤子
包
浅口鞋

（ 造型 C ）

驼色比较柔和，也适合搭
配清新的连衣裙！

连衣裙
内搭上衣
帆布鞋

（ 造型 D ）

秋冬的同色系搭配，鞋子
和发型随性一些。白色内
搭给人轻盈干净的感觉。

内搭上衣
裤子
发箍
浅口鞋

（ 造型 E ）

随手将西装披在身上，休
闲连衣裙瞬间变得成熟
稳重了。

连衣裙
浅口鞋

清爽轻盈，
作为对比色十分活跃！

单品 ③ 淡 蓝 色 长 裤

彩色裤子很好搭，让人眼前一亮。低饱和色更容易挑战！

A
第
156
天
＋

这件

B
第
157
天
＋

C
第
158
天
＋

D
第
159
天
＋

（ 造型 A ）

淡蓝色长裤和常见的米色、棕色也很搭！

T恤
包
凉鞋

（ 造型 B ）

个性化单品，搭配低饱和色调就对了。

上衣
包
凉鞋

（ 造型 C ）

彩色长裤也常用作自然风格的对比色。

上衣
帽子
浅口鞋

（ 造型 D ）

偏温暖的风格，搭配彩色裤子也能变得清爽俏皮！

开衫
T恤
浅口鞋

单品 ④ 白 色 长 裙

漂亮的版型
适合任何风格！

长度合适的半裙适合任何风格！其中白色是万能的。

A
第
160
天
＋

这件

B
第
161
天
＋

C
第
162
天
＋

D
第
163
天
＋

（ 造型 A ）

甜美度大幅提升！

上衣
帽子
浅口鞋

（ 造型 B ）

将帅气风反转为淑女风。

衬衫
包
靴子

（ 造型 C ）

白色长裙和彩色单品的搭配度也很高。

T恤
帽子
包
帆布鞋

（ 造型 D ）

白色长裙和黑色T恤搭配也很漂亮。

T恤
包
凉鞋

单品 ⑤ 灰 色 长 裤

一定要入手一条版型好的长裤！建议选灰色，不挑季节，一年四季都适用。

这件

A
第
16⁴
天
+

B
第
16⁵
天
+

C
第
16⁶
天
+

D
第
16⁷
天
+

（ 造型 A ）

开衩裤搭配休闲帽，让人放松，心情愉悦。

外套
帽子
浅口鞋

（ 造型 B ）

从长款彩色连衣裙里露出裤脚，打造漂亮又休闲的穿搭，并用黑色配饰加以点缀。

连衣裙
包
凉鞋

（ 造型 C ）

让人感觉暖洋洋的毛衣，搭配版型好的裤子，简洁漂亮。

针织衫
眼镜
浅口鞋

（ 造型 D ）

裤子也经常用于提升叠穿的品位！虽然整体宽松，但也有贴身的单品，张弛有度，很有季里花丸的特色。

马甲
上衣
帆布鞋

单品 ⑥ 白 色 T 恤

万能的白 T 恤入手不亏！简单的英文字母印花稍做点缀。

搭配单品，可咸可甜，
休闲又淑女范儿

第 168 天 + ● ●

吊带背心轻松一搭，迅速变为淑女风。
将 T 恤扎进下装，给人一种很有型的印象。

吊带背心
裙子
凉鞋

第 169 天 + ● ●

宽大的针织开衫，配上清爽的内搭和裤子。
裤型简洁漂亮，增加女人味。

开衫
裤子
浅口鞋

第 170 天 + ● ● ●

搭配背带裙的简单休闲造型。选择一双
红色的帆布鞋，作为对比色，增添几分
俏皮感。

背带裙
帆布鞋

第 171 天 + ● ●

打造职场风！

肩上披的开衫
裤子
发圈
包
乐福鞋

第 172 天 + ● ●

超大版型衬衫的时尚造型，
用优秀的版型来完成搭配。

衬衫
裤子
帆布鞋

单品 ⑦ 米 白 色 长 裤

更易于与彩色单品搭配，这点毋庸置疑！版型好的话，更容易穿出女人味。

完美展现成熟风的穿搭

第173天 ＋ ● ●

鲜艳的绿色，衬托成熟的春日风格。
鞋型简约，保持平衡。

开衫
包
凉鞋

第174天 ＋ ● ●

米白色的裤子也适合营造清爽休闲风。

上衣
开衫
包
浅口鞋

第175天 ＋ ● ●

从休闲的外套中露出简约的裤摆，
轻松完成整套穿搭。
用黑色配饰加以点缀。

外套
包
浅口鞋

第176天 ＋ ● ●

上装宽松，搭配裤子增加成熟感。

开衫
上衣
凉鞋

第177天 ＋ ● ●

将衬衫下摆扎进裤子，完成以裤子为主
的穿搭。再配上高跟短靴，彰显成熟感。

衬衫
靴子

第178天 ＋ ● ●

即使搭配版型宽大的马甲，也很简约。
下摆较短的上衣，线条明朗，更容易凸
显身材，也容易和彩色单品搭配。

马甲
凉鞋

单品 ⑧ **米 白 色 连 衣 裙**

白色的休闲风连衣裙,简直是可以每天穿的万能单品! 非常适合叠穿。

营造女性休闲风的
万能单品

第 179 天 + ● ●

叠穿针织马甲,打造温暖的连衣裙造型。
搭配清爽的淡黄绿色包形成撞色。

针织马甲
包
浅口鞋

第 180 天 + ● ●

和卫衣轻松叠搭,是万能之选!
长度适中,这点很棒。
用配饰体现气质,彰显品位。

卫衣
包
浅口鞋

第 181 天 + ● ●

配什么颜色都适合,
就算是彩色外套也可以随便搭。

开衫
包
浅口鞋

第 182 天 + ● ●

配上一顶黑色的帽子,
瞬间打造出韩国休闲淑女风,
活动方便,穿搭舒适。

帽子
浅口鞋

第 183 天 + ● ●

也可以配阔腿牛仔裤,穿成长衬衫风。
搭配有跟的鞋子更显利落,
既休闲,又展现女性风采。

裤子
凉鞋

单品 ⑨ 米 色 马 甲

比起贴身款，超大版型更符合当下的潮流，推荐！

乍暖还寒的时候，
穿件马甲凸显造型

第 184 天 ＋ ●●●

无袖穿搭露出胳膊。这种偏成熟男性的
配色，需要用款式来调和弱化。

连衣裙
浅口鞋

第 185 天 ＋ ●●●

如果上衣是彩色的，搭配和马甲同色系
的裤子会是不错的选择。

内搭上衣
裤子
浅口鞋

第 186 天 ＋ ●●●

通过叠穿法，提升穿搭的休闲感。

内搭上衣
裤子
浅口鞋

单品 ⑩ 白 色 羊 毛 开 衫

白色开衫，搭配任何单品都合适哦！宽松的袖型是点睛之笔。

只要穿在身上，
就能增添女性魅力
的白色开衫

第 187 天 ＋ ●●●

搭配皮革单品，增添成熟感。
配上淑女风的配饰，适合外
出的装扮。

裙子
包
靴子

第 188 天 ＋ ●●●

在宽松风格的基础上，搭配
一双露脚面的鞋子，彰显与
众不同的气质。

内搭上衣
裤子
浅口鞋

第 189 天 ＋ ●●●

白色针织衫，适合各种风格！
配上紧身黑色长T恤和有存
在感的厚跟靴子，瞬间变身
为很有气场的女性。

长T恤
发圈
靴子

第 190 天 ＋ ●●●

配直筒裤效果很好，款式简
洁漂亮。

上衣
裤子
包
凉鞋

⑪ 季 里 花 丸 的 穿 搭 秘 诀

热衷时尚！

1. 米色、白色等
基础色，
是百搭单品之神！

2. 选择外套的话，
大码的衣服不用在意体型，
容易搭配，是万能之选。

3. 裤子和裙子类，
相比风格而言，
版型好更容易搭配！

▶  ▶  ▶

▶  ▶  ▶

第 5 章
Chapter·Five

喜欢的品牌服装

不出门也能买到时尚的单品，
从我的衣柜中严选出 9 类喜欢的品牌服装！
单品均为私人物品。

Favorite Online Brands

胸前的蝴蝶结系带和轻软的雪纺材质很有女性特质

品牌服装：01

服装版型宽松

品牌服装风格统一，简单、基础、
超级百搭。每件单品都很容易
和已有的衣服搭配，这点我非
常喜欢。

品牌服装

第
191
天
+ ● ◐ ○

宽松连衣裙和大地色外套的组合，
给人温柔的印象。
发箍和鞋子选择黑色，
收束整体的视觉效果。

外套
连衣裙
发箍
浅口鞋

第
192+
天

衬衫和牛仔裤的简约造型，
将披肩搭在肩上，扮成时尚达人。
半边衬衫扎进裤子，享受穿搭的乐趣。

衬衫
裤子
披肩
帆布鞋

品牌服装

品牌服装

方便活动的男孩式穿搭

9.5

ONITSUKA TIGER
SPIRIT OF KOBE
19 49

品牌服装

和超短款针织开衫也能搭的束身衣

品牌服装

第
193
天
+

想要享受户外运动的时候，
工装裤非常合适。
搭配 T 恤和帆布鞋，
给人男孩风格的印象。

T 恤
帆布鞋
裤子
包

第
194+
天

长款的衬衫和下装搭配超短款
针织开衫，充满潮流感。
搭配色调一致的色彩也很关键。

针织开衫
内搭上衣
裤子
帆布鞋

77

宽松衬衫的优雅休闲风格

品牌服装

第
195 +
天

超大版型的衬衫搭配喇叭裙的组合，
实现了高品位的休闲穿搭。
浅绿色上衣和凉鞋也增添了清爽感。

衬衫
内搭上衣
裙子
凉鞋

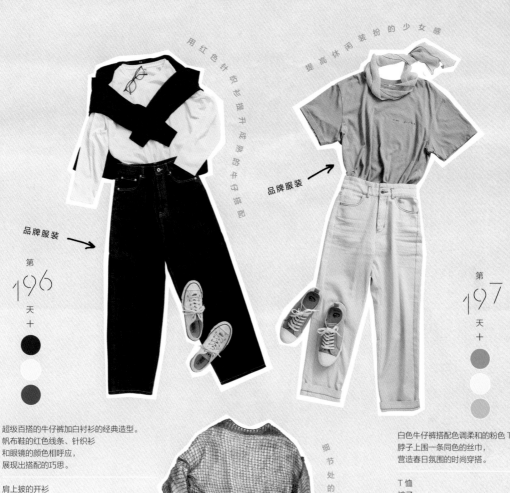

用红色针织衫提升成熟的牛仔搭配

提高休闲装扮的少女感

品牌服装

品牌服装

第
196
天
+

第
197
天
+

超级百搭的牛仔裤加白衬衫的经典造型。
帆布鞋的红色线条、针织衫
和眼镜的颜色相呼应，
展现出搭配的巧思。

肩上披的开衫
衬衫
裤子
眼镜
帆布鞋

白色牛仔裤搭配色调柔和的粉色T恤。
脖子上围一条同色的丝巾，
营造春日氛围的时尚穿搭。

T恤
裤子
丝巾
帆布鞋

细节处的蝴蝶结增加少女感

品牌服装

品牌服装

第
198
天
+

针织衫和衬衫，
不同材质组合的叠穿风格。
针织衫的大网眼格，
是白色简约穿搭中的亮点。

针织衫
内搭上衣
裤子
浅口鞋

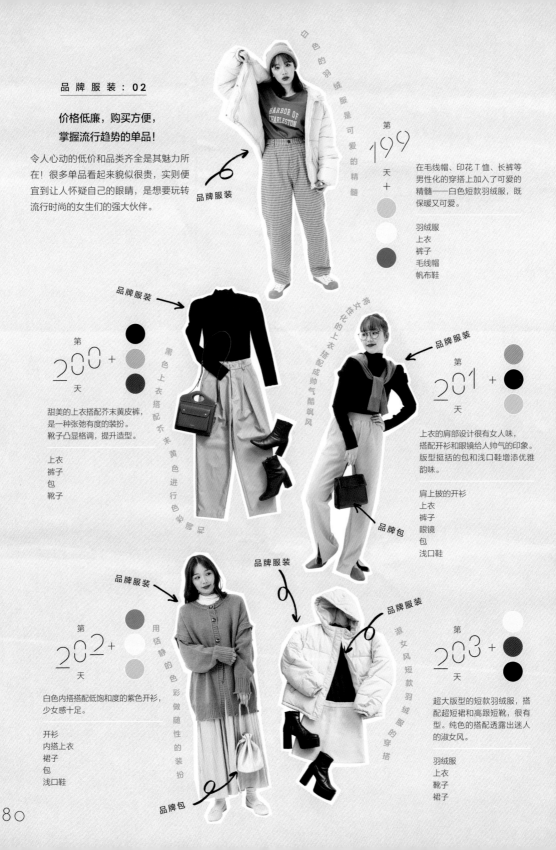

品牌服装：02

价格低廉，购买方便，掌握流行趋势的单品！

令人心动的低价和品类齐全是其魅力所在！很多单品看起来貌似很贵，实则便宜到让人怀疑自己的眼睛，是想要玩转流行时尚的女生们的强大伙伴。

白色的羽绒服是可爱的精髓

品牌服装

第 **199** 天 ＋

在毛线帽、印花 T 恤、长裤等男性化的穿搭上加入了可爱的精髓——白色短款羽绒服，既保暖又可爱。

羽绒服
上衣
裤子
毛线帽
帆布鞋

品牌服装

第 **200** ＋ 天

黑色上衣搭配芥末黄色进行色彩碰撞

甜美的上衣搭配芥末黄皮裤，是一种张弛有度的装扮。靴子凸显格调，提升造型。

上衣
裤子
包
靴子

上衣上的衣领搭配成帅气酷飒风

品牌服装

第 **201** ＋ 天

上衣的肩部设计很有女人味，搭配开衫和眼镜给人帅气的印象。版型挺括的包和浅口鞋增添优雅韵味。

肩上披的开衫
上衣
裤子
眼镜
包
浅口鞋

品牌包

品牌服装

品牌服装

用恬静的色彩做随性的装扮

第 **202** ＋ 天

白色内搭搭配低饱和度的紫色开衫，少女感十足。

开衫
内搭上衣
裙子
包
浅口鞋

品牌包

品牌服装

淑女风短款羽绒服色穿搭

第 **203** ＋ 天

超大版型的短款羽绒服，搭配超短裙和高跟短靴，很有型。纯色的搭配透露出迷人的淑女风。

羽绒服
上衣
靴子
裙子

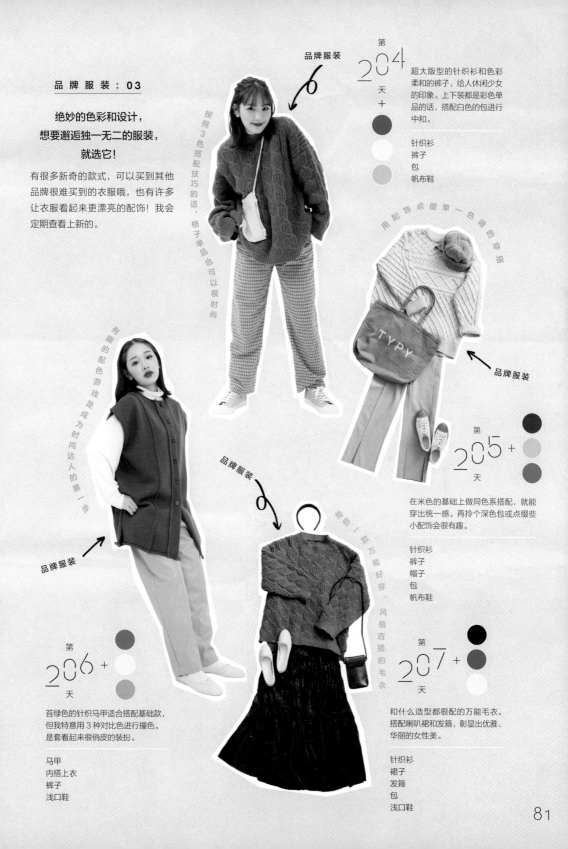

品牌服装：03

绝妙的色彩和设计，想要邂逅独一无二的服装，就选它！

有很多新奇的款式，可以买到其他品牌很难买到的衣服哦，也有许多让衣服看起来更漂亮的配饰！我会定期查看上新的。

品牌服装

按照 3 色搭配技巧的话，格子单品也可以很时尚

第 **204** 天 +

超大版型的针织衫和色彩柔和的裤子，给人休闲少女的印象。上下装都是彩色单品的话，搭配白色的包进行中和。

针织衫
裤子
包
帆布鞋

用配饰点缀单一色调的穿搭

品牌服装

第 **205** 天 +

在米色的基础上做同色系搭配，就能穿出统一感。再拎个深色包或点缀些小配饰会很有趣。

针织衫
裤子
帽子
包
帆布鞋

有趣的配色游戏是成为时尚达人的第一步

品牌服装

品牌服装

推荐！超万能好穿，风格百搭的毛衣

第 **206** 天 +

苔绿色的针织马甲适合搭配基础款，但我特意用 3 种对比色进行撞色。是套看起来很俏皮的装扮。

马甲
内搭上衣
裤子
浅口鞋

第 **207** 天 +

和什么造型都很配的万能毛衣。搭配喇叭裙和发箍，彰显出优雅、华丽的女性美。

针织衫
裙子
发箍
包
浅口鞋

将马甲敞开前襟露出上衣和
裤子的优雅淑女穿搭。
搭配迷你小巧的包，
约会穿也很合适。

马甲
内搭上衣
裤子
包
浅口鞋

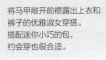

第
208
天
＋

敞开前襟当作外套穿

品牌服装

穿上件马甲成熟感倍增

品牌服装

棕色、米色、白色的衣服就选它！

我有很多款式基础、色调素雅、
设计独特的服装。简单穿搭，就
会出众吸睛，让大家以为是时尚
达人。我总会全都想买！

第
209
天
＋

马甲担当搭配的主角，
系上扣子即刻凸显了造型感。
丸子头让脖颈周围看起来清爽，
给人张弛有度的印象。

马甲
内搭上衣
裤子
靴子

超级喜欢的风格！

意大利印花装饰连帽卫衣这样的
设计，很可爱！也有很多女人味
的漂亮外套和成熟风格服装等好
搭配的单品，我很喜欢。

牢牢钉住周围的视线！淡蓝色的大衣

品牌服装

搭配裙子的话，连帽卫衣也能穿出淑女范儿

第
211
天
＋

第
210
天
＋

淡蓝色和米色、白色3
色搭出柔和色调的
装扮。袖子上的黑色皮
带很有腔调。

外套
上衣
裙子
靴子

品牌服装

在连帽卫衣、双肩包、运动鞋等男性
化的组合中，搭配轻盈摇曳的黑色喇
叭裙，穿出甜酷混搭风。

连帽卫衣
裙子
背包
帆布鞋

品牌服装：06

休闲装扮时的
常穿品牌

便宜实惠谁都可以轻松挑战哦！大面积印花的格纹裤和男士卫衣款式都很丰富。

T恤搭配格纹裤，充满及经典怀旧感

→ 品牌服装

← 品牌服装

T恤材质柔软舒适，非常容易搭配。成熟的几何图案裤子很有存在感。

T恤
裤子
包
凉鞋

第 2l2 天 +

品牌服装：07

实现流行风
向熟女风的转变

汇聚韩国流行趋势，服装简约有质感。虽然看起来昂贵，其实是价格实惠的单品，不知不觉就买了很多……

腰间系上妍带施显身材比例

第 2l3 天 +

有型的马甲，搭配彩色上衣，成熟感满满！
秘诀是裙子和马甲的色彩相似，看起来宛若套装。

马甲
内搭上衣
裙子
包
靴子

以成熟女性为目标客户的优雅单品深受大家喜爱。我拥有很多百搭又简约的万能单品。我甚至会买同款的不同色系哦！

第 2l4 天 +

形状漂亮的万能包包成为穿搭的主角

将毛衣开衫的袖子系起来披在肩上，和鞋、包相呼应。将黑色包的长肩带缠起来提在手中，是简单有效又非常时尚的妙招。

肩上披的开衫
上衣
裙子
包
浅口鞋

→ 品牌服装

品牌服装：08

找到成熟又百搭的
优秀单品！

品牌服装：09

童话风格、休闲，且充满魅力。宽松的单品很多，是享受随性时尚穿搭的好伙伴。尤其是连衣裙的款式都很可爱哦！

追求休闲可爱
沉浸在治愈的世界中

第 2l5 天 +

圆乎乎的可爱连衣裙

← 品牌服装

袖子和肩部设计成圆形，少女感爆棚的连衣裙。
搭配同色的帽子，
俏皮女孩的造型就完成了。

连衣裙
帽子
背包
帆布鞋

第 6 章

Chapter Six

偶尔也想
装装成熟

成 人 时 尚
fashion for grown up
no.1
帅气的 Handsome

第一次穿上了西装套装！
我自己选的话会下意识地选择浅色，
觉得深色很新鲜。
没有选择黑色或藏青色，而选择了棕色，
这也是配色的关键。
外表看起来很清爽，因为是男式的，
所以穿起来很宽松，我很喜欢。

再过几年，我也想尝试一下穿套装和高跟鞋、戴硕大的珠宝、适当露出一点肌肤。
因此，这次我挑选了平时不穿的衣服，果然时尚、有趣！

84

在中性化搭配中领先半步
的帅气造型

第 216 天 + ● ○

正确的做法是选择稍微大一点的外套，
把袖子挽起来穿，
搭配俏皮的包和高跟鞋，
有意识地给人自在随性的感觉。

西装套装
T 恤
眼镜
项链、手镯
包
凉鞋

成 人 时 尚
fashion for grown up
no.2
淑女的 Lady

变 换 为 直 发 的 发 型

对于成人的发型，用减法才更重
要。穿超大版型的衣服时，头发
要直顺且服帖，以调整整体的视
觉平衡感。

第 217 天 + ○○●

清凉的套装内搭单肩背心。
若隐若现的锁骨散发出迷人的魅力。

衬衫
内搭背心
裤子
耳饰
手镯
包
凉鞋

从清凉的衣服中露出肌肤，追求反差

平常的款式选择优质的面料

由于不好意思，我平时很少穿
裸露皮肤和凸显身材曲线的衣服，
但试着穿一下可能会有意外发现！
将肩膀和脚踝不经意地裸露，
整个人一下子就显得成熟起来，
还增加了女人味，或许在私服穿搭中
也可以尝试一下呢。

重点是修容

眉毛和眼妆要自然，
因此用深红色突出嘴唇，
用阴影修饰脸部。

第 218 天 + ●●●

即使是普通款式的衬衫，也要选择合适的面料。
紧身裙可以展现出腰部和脚踝的纤细曲线。

衬衫
内搭上衣
裙子
耳饰
戒指
浅口鞋

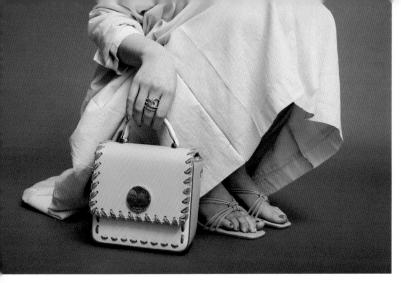

打 动 少 女 心 的 、 配 色 可 爱 的 包 包

很有春天气息的粉色，不可能不心动。
包的配色像玩具一样，非常可爱。
想穿成这样去参加派对！

想换个心情的时候，可以挑
战平时化妆不常用的颜色。
结合包和鞋子的配色，即使
是第一次尝试也很容易驾
驭，只需要用淡蓝色的眼
线笔延长双眼皮的线条就
好啦。

和配饰的色彩相呼应
的眼妆

有时比起实用性，穿搭配色更
重要的是能否让人心情愉悦

第 219 天 + ●○●

这个颜色是否容易搭配、是否适合自己，相比这
些，穿上这套衣服的心情是否会变好更重要！拥
有这样一套粉色的衣服，心里就踏实多了。

外套
内搭上衣
裙子
耳饰
项圈
包
戒指
凉鞋

no.1 连衣裙 Mini One-piece

想把华丽的连衣裙穿成日常款的话，建议搭配黑色的皮革配饰，既有品位又酷的穿搭就完成了。

连衣裙
耳环
手链
包
靴子

第 **220** 天 ＋

碎花连衣裙加皮革配饰，营造甜酷混搭风格

皮靴也很好搭配

迷你连衣裙加短靴，打造黄金比例

第 **221** 天 ＋

迷你连衣裙搭配短靴，关键是露出一点子腿部，精致的连衣裙一下子变得休闲起来。

连衣裙
贝雷帽
单只耳环
戒指
靴子

适合男性化
造型的配饰

黑白造型应该选略有透明感的黑色

成 人 时 尚
fashion for grown up
no.4
黑白搭配 Monotone

不过分修饰、
留有余白的穿搭

第

222

天
+

白色上衣配黑色裤子。简单
的风格配上夸张的饰品，更
容易凸显造型。

上衣
裤子
单只耳环
手链
凉鞋

第

223

天
+

穿黑色衣服的时候，
要注意选择轻薄的
材质和整体看起来
不那么沉重的款式。
拥有一条白色紧身
裤更方便穿搭。

上衣
裤子
发箍
耳饰
浅口鞋

精致的耳饰
提高品位

夏日的清爽牛仔裤造型

第 2 2 4 天 +

用宽松的裤子打造极具个性的造型

第 2 2 5 天 +

带有金属质感的裤子，
搭配简单的上衣，为纯
色穿搭。

卫衣
内搭高领上衣
裤子
墨镜
耳饰
项链
凉鞋

休闲的阔腿牛仔裤搭配
充满少女气息的碎花衬
衫。阔腿裤造型不会显
得过于甜美。

上衣
牛仔裤
耳饰
高跟鞋

" 平时很少穿牛仔裤，这个造型非常新鲜。
搭配少女风格的衬衫就不会太过休闲，
反而凸显了少女感，非常可爱。
高腰裤加高跟鞋也能显腿长呢！ "

紧身上衣可衬托裤型

版型优秀的阔腿裤搭配紧身上衣，把上衣下摆扎进去，再穿一双高跟鞋，保留女人味。

上衣
裤子
贝雷帽
眼镜
包
高跟鞋

我发现，即便是我常穿的宽松版裤子，
只要搭配紧身上衣，
身材比例就会显得非常好。
即使个子矮，只要穿上高跟鞋，
就不用在意身高了呢。

想以这种时尚的裤装造型去上班

第
2²7
天
+

想让自己看起来更加成熟的话，收腰长裤搭配浅口鞋才是正解。选择双层下摆的裤子，稍微露出点肌肤也是穿搭的要点。

衬衫
裤子
耳饰
包
浅口鞋

纯色 no.6 One tone

配色上犹豫不决的话，建议首选相近的颜色。
大地色的单品大家应该都有，选其中的 3 色打造纯色风格。

第 228 天 +

连衣裙加条纹裤子视觉上会有拉伸效果，
显得身材更修长。我预感淡黄绿色会成
为流行色。

连衣裙
裤子
凉鞋

第 229 天 +

舒服的衬衫和裤子组合，是看起来轻松
又时尚的优秀穿搭。可以用包来撞色。

衬衫
裤子
包
凉鞋

第 230 天 +

有一套牛仔套装的话会很实用，既可以
分开穿，也可以成套穿，能够打造出很
特别的风格。

外套
内搭 T 恤
裤子
帽子
浅口鞋

no.7 运动风 Sporty

这是时尚且兼具功能性的成熟运动风装扮。
用蓝色、紫色等清爽的色彩提亮色调，也是穿搭的要点。

第 231 天 +　●●●●

外套使用戈尔特斯面料，不用担心突然
下雨。搭配低帮运动鞋，不失随性感。

外套
内搭 T 恤
连衣裙
平底鞋

第 232 天 +　●●●

想轻松驾驭短裤的话，就搭配清爽的衬
衫。脚穿工作靴来调节身材比例。

开衫
衬衫
短裤
靴子

第 233 天 +　●●

连衣裙下摆为网眼结构，外搭防风防水
的短外套，适合节日庆典等户外场景。

外套
连衣裙
包
帆布鞋

正式的裤子 no.8 Dressy —— Pants

为了避免因突然受邀参加派对或婚礼却无合适衣服可穿而产生的尴尬，
建议至少拥有一套正式的衣服。
下面分别介绍裤装和裙装两种下装。

 第 234 天 + ●●●○

大片露背、上身无纽扣的连体裤，其简
洁的正面和背面形成的反差令人印象
深刻。

连体裤
包
凉鞋

 第 235 天 + ●●●○

设计得像和服腰带一样灿烂夺目的外搭
吊带衫，只要搭配日常款的裤子，一身
漂亮的穿搭就完成了。

外搭吊带衫
内搭上衣
裤子
凉鞋

 第 236 天 + ●●●●

上下相连，无须思索简单穿一套连体裤
就很有型。优雅的棕色会给人留下好
印象！

连体裤
包
浅口鞋

正式的裙子 ^{no.9}Dressy —— Skirt

如果想展现温柔有品位的女性形象，千万不要错过裙子。
尝试一下给人留有雅致温柔印象的暖色系裙装吧！

第 237 天 + ●●

暗粉色搭配灰色和米白色，轻松打造出
优雅风格的穿搭。

上衣
裙子
包
高跟鞋

第 238 天 + ●●

有光泽感的丝绒裙，适合盛装打扮。不
对称的剪裁成为亮点。

上衣
裙子
浅口鞋

第 239 天 + ●●●

用细腻不规则的蕾丝面料制作的高档套
装。裹身系带裙的款式也很新颖。

衬衫
裙子
包
凉鞋

图案——条纹和格子 no.10 Pattern —— Stripe & Check

如果想进一步感受时尚，一定要学会穿搭带图案的衣服！
推荐从经典的条纹和格子开始尝试。

第 240 天 + ● ● ●

散发着复古气息的翻领衬衫。其细条纹
的图案，配自然色系穿搭也毫无违和感。

衬衫
裙子
包
高跟鞋

第 241 天 + ● ● ●

简单的 T 恤配彩色格子裤，这两件搭配
起来非常有型。蓝色的手拎包增添了清
爽感。

T 恤
裤子
包
凉鞋

第 242 天 + ● ● ●

条纹由低饱和色组成，成套穿的话更像
连衣裙。戴上鸭舌帽，轻松打造了一套
海军风造型。

外套
针织衫
裙子
鸭舌帽
凉鞋

图案——花朵和斑马纹 ^{no.11}Pattern——Flower&Zebra

喜欢花纹的朋友，你们觉得花朵或者斑马纹这种有冲击力的图案怎么样？
图案越大，穿搭就会越华丽，应该也会越令人心动吧。

 第243天 +

碎花雪纺裙搭配休闲的无领衬衫，弱化
甜美感。一整套浅色调装扮，春日气场
全开。

衬衫
裙子
凉鞋

 第244天 +

乍一看很难搭配的斑马纹，推荐选择茶
色的连衣裙，以免显得过于强势。配上
流苏包，仿佛是狩猎装风格。

连衣裙
牛仔裤
包
凉鞋

 第245天 +

花裙子担当主角的时候，做减法才是正
解，其他部位尽量选择传统的单品。这
样，以黑色为基础的花样才会瞬间演绎
出成熟感。

上衣
裙子
袜子
靴子

展示常穿品牌服装的特色

你喜欢哪种颜色？

COLLABORATION
合作款 01

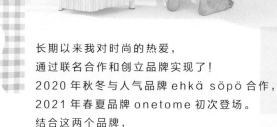

长期以来我对时尚的热爱，
通过联名合作和创立品牌实现了！
2020 年秋冬与人气品牌 ehkä söpö 合作，
2021 年春夏品牌 onetome 初次登场。
结合这两个品牌，
深度剖析季里花丸服装设计的特色。

嗯……

好可爱！

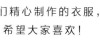

我终于实现了梦寐以求的理想，
创立了自己的品牌！
onetome 这个品牌名称的含义是：
"希望能成为对你来说最特别的衣服。"
我们精心制作的衣服，
希望大家喜欢！

穿搭要点

收腰的版型，能更好地凸显身材曲线。细褶很讲究，凸显了成熟的气质。

裙 子

从超级百搭的裙子开始介绍。
长裙的细褶经过精心设计，有两款容易搭配的颜色哦。

第
246
天
+

长裙搭配长款衬衫，即使个子不高也显得比例很好。除了衬衫以外，都用同色系搭配。

衬衫
包
帆布鞋

第
247
天
+

白、粉、黑色相搭配，是甜美度刚刚好的最强3色配色。粉色和白色很可爱，可以用黑色配饰来点缀。

开衫
内搭T恤
包
玛丽珍鞋

第
248
天
+

搭配荷叶边上衣的可爱造型，白色也不会显得太甜腻。对比色使用低饱和色，很有季里花丸的风格。

罩衫
内搭上衣
凉鞋

第
249
天
+

长裙配上宽松的开襟毛衣，搭配得很舒适。绿色的内衬上衣是重点。

开襟毛衣
裙子
浅口鞋

系带连衣裙

一片式裹身连衣裙，通过腰带的不同系法可以轻松改变给人的印象哦。
为了享受叠穿的乐趣，肩带设计得很细。背影也很可爱哦。

第
250
天
＋

吊带连衣裙加高领毛衣
显得身材比例更好，是
推荐的叠穿方式。搭配
黑色靴子进行点缀。

独 特 之 处

连衣裙的背面是女
性化的交叉绑带设
计，给人可爱又妩媚
的感觉。

独 特 之 处

两边的带子可以系在
腰上，也可以系在肩
膀上。想怎么穿就怎
么穿，不妨一试。

第
251
天
＋

网状上衣叠穿连衣裙，
露出健康的肌肤。连帽
子的色系都尽量与衣
服、鞋子统一，是这套
穿搭的独到之处！

上衣
靴子

上衣（针织衫和吊带两件套）
帽子
浅口鞋

衬衫连衣裙

想要一件可爱又好搭配的连衣裙！

有两种颜色可选，分别是和任何颜色都搭配的白色和略显成熟的深棕色。

第 252 天 + 　第 253 天 +

(独 特 之 处)

重点是手腕处的蝴蝶结，将宽大的袖子收紧。袖口像荷叶边一样，即使是纯色也显得很可爱。

衬衫连衣裙也经常用来叠穿！搭在休闲的T恤和裤子外面，透出女性特有的甜美气息。

T恤
裤子
帆布鞋

如果想挑战和平时不同的外套颜色，推荐绿色。只需简单地搭在白色连衣裙外面，瞬间变得时尚起来。

外套
浅口鞋

(独 特 之 处)

看起来很清爽的无领设计，后面是特别的蝴蝶结设计。即使扎起来也能齐腰，是营造可爱感的秘诀。

连衣裙的细节很可爱，单穿一件看起来也很时尚。搭配一双帆布鞋，放松一下。

包
帆布鞋

长长的连衣裙下摆露出白色的裙子。配饰统一使用黑色，和素色相搭配。

裙子
发箍
浅口鞋

第 254 天 + 　第 255 天 +

罩衫

乍一看很简单，但布料较厚，且细节设计巧妙的
不对称罩衫，却能穿出可爱蓬松的感觉。

独特之处

颈部到胸前有一条斜线
的独特设计。看起来有
纽扣需要系扣穿，但其
实可以套头穿。

第256天 +

不对称罩衫建议搭配不对称裙子，
简单又用心的时尚达人穿搭。

裙子
发箍
帆布鞋

第257天 +

罩衫加开衩裤的成熟造型。配
上眼镜，给人一种成熟自信的
感觉。

裤子
眼镜
靴子

第258天 +

上下都使用暖色，打造偏女性化
的造型。同色系相搭配时，面料
质感不同效果更好。

裙子
凉鞋

第259天 +

除了罩衫以外，都是黑白色的造
型。搭配正式的鞋和包，轻松搞
定宽松衣服的穿搭。

裤子
包
浅口鞋

透视风衬衫

虽然颜色鲜艳，
但材质亲肤、容易搭配的透视风衬衫，
为了给人更加成熟的感觉，
我们增添了面料的光泽感哦！

第
260
天
+

如果是薄款微透的衬衫，
解开扣子当外套穿，就会
发生微妙的变化，让基础
色的穿搭更加出彩。

内搭吊带衫
裤子
凉鞋

第
261
天
+

充满元气的黄色与纯色单
品搭配，极富活力。系上
纽扣的话，简洁利落。

裙子
包
浅口鞋

独特之处

其实衬衫背面是脖子以
下全开的露背设计。即
使搭配休闲装，背影也
别有风情。

独特之处

用两个纽扣稍微收紧长
袖口，设计偏古典。宽
大的袖子十分亮眼，版
型优雅，女人味十足。

第
262
天
+

透视风衬衫搭配有光泽感的
百褶裙，粉色和白色的配色
甜美又可爱。

裙子
浅口鞋

第
263
天
+

低饱和色加一种
亮色的穿搭必不
可少。暖融融的
米色和棕色配上
淡绿色，增添了
清爽感。

裤子
包
袜子
浅口鞋

COLLABORATION
合作款 02

让我们保持平衡……

2020 年秋冬时节，
首次实现与 ehkä söpö 品牌的合作。
引进季里花丸最擅长的低饱和色的系列，
有些单品一经发售就销售一空！
这些单品可以轻松地融入日常的搭配中，
并且十分可爱哦。

第

264

天+

背部也很漂亮，脖子处
系蝴蝶结的设计很可爱。
高腰的设计可以优化身
材比例哦。

后 背 设 计

独 特 之 处

就像散落的一朵朵小小的花
蕾，不常见的复古图案让人
一眼就爱上，可以推荐给平
时不穿带花纹衣服的姐妹。

小碎花
连衣裙

小碎花连衣裙是可爱的代表，
复古又不显得幼稚。
宽松的长袖和长裙摆，
无论什么季节都可以穿。

第

265

天+

轻盈的连衣裙用酒红色和黑色进行中和。
搭配发箍和玛丽珍鞋更显优雅。

肩上披的开衫
发箍
玛丽珍鞋

两 色 可 选

天气转凉的时候，搭配针织马甲。带花纹的单品
只要配色得当，也可以搭出季里花丸的风格。

马甲
包
浅口鞋

针织衫

集合各种编织纹样的短款针织衫
和木耳领罩衫搭配，
叠穿效果毋庸置疑！

第 266 天+

不想费神穿搭的日子，简单地穿条牛仔裤才是正解。搭配绿色鞋、包做点缀，是打造时尚的小技巧。

内搭衬衫
裤子
包
帆布鞋

第 267 天+

独特之处

针织衫果然还是宽袖的最可爱！袖口处做了收紧设计，穿上后反衬出袖子的宽松感。

富有成熟气息的棕色针织衫，搭配休闲风也可爱！脚上随意搭配一双红色帆布鞋。

针织衫和内搭上衣两件套
裤子
帆布鞋

第 268 天+

给人温柔印象的针织衫配皮革短裙和厚底靴，营造甜酷混搭风。内搭选择长款衬衫。

内搭衬衫
裙子
发箍
包
靴子

条纹套头衫

低饱和色的条纹，
是季里花丸特有的风格。
对比适中，套头衫给人柔和舒适的印象。

第 269 天+

白色加低饱和色的条纹衫十分容易搭配！开衩裤增添了一丝别致感。

裤子
眼镜
包
浅口鞋

第 270 天+

独特之处

温暖的圈绒面料套头衫，落肩线条是点睛之笔。袖子设计得很长，少女感满满。

套头上衣搭配背带裙绝对是最可爱的选择！搭配驼色配饰，统一色调。

背带裙
帽子
包
帆布鞋

第 271 天+

不想搭配低饱和色的时候，使用黑色效果就很棒，配上双肩包，扎上麻花辫，打造校园少女风。

裙子
背包
帆布鞋

披 肩

最具人气的披肩，围在脖子上可以把脸埋进去，厚厚的质感我很喜欢。超级暖和哦！

两色可选

独特之处

流苏比较粗，分量十足尺寸宽大。厚厚的披肩可以把上半身包住。

第 27^2 天 ＋

第 27^3 天 ＋

白色的少女风穿搭配上裸粉色的披肩，俏皮可爱，增加了温暖感。

针织衫
连衣裙
帆布鞋

搭配了裸粉色的披肩，衣服色彩素一点也没关系。上装穿灰色针织衫能够更加衬托粉色的温柔。

针织衫
背带裙
帆布鞋

裤 子

我一直想要这种颜色的牛仔裤，终于实现了哦！有不常见的暗粉色和标准的白色两种颜色可选。

两色可选

男孩子气的运动卫衣配上可爱的粉色裤子，这是可随意搭配却不失可爱的配色。

卫衣
内搭衬衫
帆布鞋

想搭配粉色裤子又无从下手时，选白色就对了！戴一顶厚厚的帽子增添乐趣。

针织衫
内搭衬衫
帽子
帆布鞋

第 27^4 天 ＋

第 27^5 天 ＋

独特之处

高腰的直筒裤，方便把上衣扎进去露出腰部，是凸显身材的好设计。

第 8 章

享受变换配饰的乐趣

以季里花丸风格的配色穿搭为基础，在配饰上做出改变，
挑战各种各样的风格哦，如休闲、优雅、流行等。

所有单品均为私人物品。

第 1 套
BASE
1

白色荷叶边连衣裙

白色连衣裙是百搭的单品，袖子的荷
叶边是营造淑女感的关键元素。

第
2<u>7</u>6
天
+

搭配棕色贝雷帽，
演绎文艺少女感。
米色的简约外衣，
增加了稳重感，
给人知性的印象！

连衣裙
贝雷帽
围巾

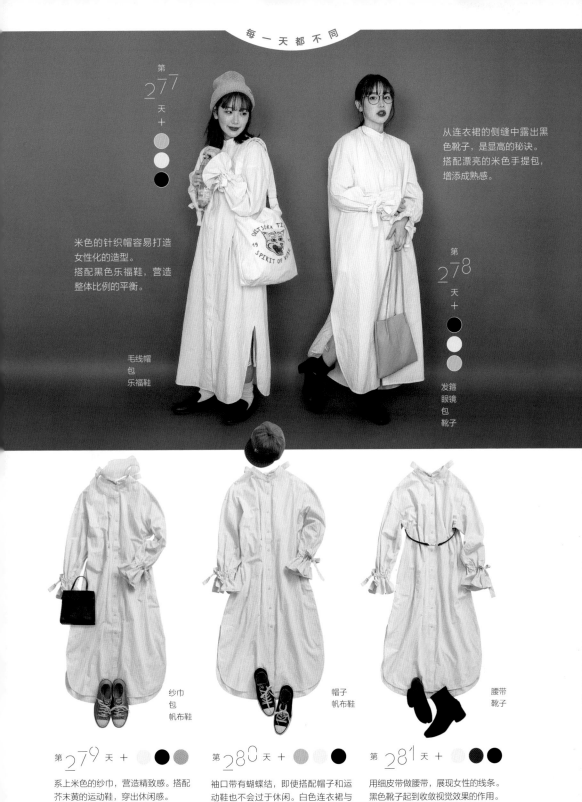

第 277 天 +

米色的针织帽容易打造
女性化的造型。
搭配黑色乐福鞋，营造
整体比例的平衡。

毛线帽
包
乐福鞋

从连衣裙的侧缝中露出黑
色靴子，是显高的秘诀。
搭配漂亮的米色手提包，
增添成熟感。

第 278 天 +

发箍
眼镜
包
靴子

纱巾
包
帆布鞋

帽子
帆布鞋

腰带
靴子

第 279 天 +

系上米色的纱巾，营造精致感。搭配
芥末黄的运动鞋，穿出休闲感。

第 280 天 +

袖口带有蝴蝶结，即使搭配帽子和运
动鞋也不会过于休闲。白色连衣裙与
深色的鞋帽搭配也很合适。

第 281 天 +

用细皮带做腰带，展现女性的线条。
黑色靴子起到收敛视觉效果的作用。

111

第 2 套

BASE

2 棕色上衣和驼色半裙

我有许多黑色、棕色、米色的配饰，经常搭配暖色调的穿搭。

第
282
天
+

白色的纱巾和浅口鞋可以
营造纤细的感觉，
搭配棱角分明的棕色包，
打造成熟的暖色调穿搭。

上衣
裙子
纱巾
包
浅口鞋

第283天+

搭配造型简洁的黑色配饰,
可以让整体搭配更有质感,
彰显出优雅的气质。

帽子和裙子的色彩相呼应,
自然而然地增加了中性感!
米色的小布包与衣服色调相
近,搭配和谐。

第284天+

发箍
包
靴子

帽子
包
袜子
乐福鞋

包
浅口鞋

围巾
帆布鞋

运动鞋

第285天+ ●●●

哑光质感的黑色鞋和包,与任何衣服
都能很好地搭配。通过配饰的款式来
体现女人味!

第286天+ ●●●

米色的披肩演绎优雅气质,为了保留
休闲感,搭配棕色帆布鞋,更好地保
持平衡。

第287天+ ●●

充满女性化的暖色调穿搭,只要搭配
一双运动风的白球鞋,就会穿出与平
时不同的感觉。

113

第 3 套
BASE
3

米色条纹上衣
加白色阔腿裤

想要行走如风，
就穿条纹卫衣和阔腿裤！
白色穿搭无敌！

酒红色的单品给人有
很难搭配的印象，
从运动鞋开始尝试更
容易挑战！
推荐帆布鞋，
颜色很丰富。

上衣
裤子
帽子
帆布鞋

第
289
天 ＋

裸粉色的披肩增添华丽感，
搭配一双别致的靴子，
轻松完成淑女造型。

以苔绿色的包为主角，
搭配百搭的米色发箍，
充分演绎少女感。

第
290
天 ＋

披肩
靴子

发箍
包
浅口鞋

帽子
包
帆布鞋

围巾
包
帆布鞋

包
帆布鞋

第 291 天 ＋ ●●

米色的上衣，与米色的配饰相呼应。
毛茸茸的帽子极具个性。

第 292 天 ＋ ●●

天气转凉时加条围巾柔软又保暖，搭
配黑色也会显得更成熟。

第 293 天 ＋ ●●

白色调的休闲装和运动鞋是绝配！不
要忘记搭配黑色的小包，凸显淑女感。

头饰
包
靴子

发箍
包
靴子

肩上披的开衫
眼镜
包
帆布鞋

第 294 天 +. ● ● ●

雪纺连衣裙搭配黑色长筒靴，毫无
违和感。用灰色头饰增添纤细感。

第 295 天 + ● ○ ●

苔绿色配米色适合一年四季！托特
包休闲气息浓郁。

第 296 天 + ● ○ ●

棕色的毛衣开衫披在肩上，增加淑女感。
搭配芥末黄的帆布鞋，减龄又休闲。

第 4 套
BASE
4

米色雪纺连衣裙

米色的雪纺连衣裙，单穿就很漂亮，搭配各种配饰轻松不费力。

发箍
围巾
浅口鞋

发圈
包
浅口鞋

毛线帽
眼镜
帆布鞋

第 297 天 + ● ● ●

搭配和服装色彩统一的浅色系围巾
时，将其他配饰换成深色，显得张
弛有度。

第 298 天 + ○ ● ●

米色、黑色再加一种颜色，瞬间提
升华丽感。适合与半透明的特殊材
质相搭配。

第 299 天 + ● ● ●

米色和暗色系的棕色、酒红色搭配，
呈现沉稳的风格。佩戴一顶毛线帽，
营造中性感。

发箍
眼镜
肩上披的开衫

内搭上衣
发箍
浅口鞋

毛线帽
帆布鞋

第 300 天 + ●●○

第 301 天 + ●○○

第 302 天 + ○○●

用造型纤细的棕色配饰，为中性化
的穿搭增添女人味！把头发扎起来，
也是打造俏皮感的秘诀。

领口和袖口露出木耳边的内搭，既有
淑女感又别致。其他配饰都用黑色，
降低甜美度。

搭配毛线帽和运动鞋，完全像个男
孩子！毛线帽选米色，更显轻盈。

第 5 套
BASE
5
米色针织衫加苔藓绿色阔腿裤

米色针织衫搭配绿色裤子突出休闲慵懒范儿。
搭配不同小物件，表现出女性的风格变化！

包
帆布鞋

包
浅口鞋

发带
背包
帆布鞋

第 303 天 + ○●

第 304 天 + ○●●

第 305 天 + ○●●

用基础色搭配苔藓色的包和裤子，打
造出稳重舒适的休闲范儿。

搭配女性风格的黑色配饰，优化整
体视觉效果的同时更富淑女气息。
将针织衫下摆扎进下装里，勾勒出
清爽的线条。

黑色双肩包是必备单品，不仅适用
于休闲装，也适合其他任何风格。
搭配细细的蝴蝶结发带，增添了几
分甜美感。

117

第 9 章

这是与平时不同的我，你感觉如何

NEW

OFF TIME
LOVELY
CHIC WOMAN
VINTAGE
COLORFUL
COOL

LOOK

从可爱风格到街头风格，
改变自己的风格和造型。
可能会看到我与平时不同的一面。
你喜欢哪种风格的我呢？

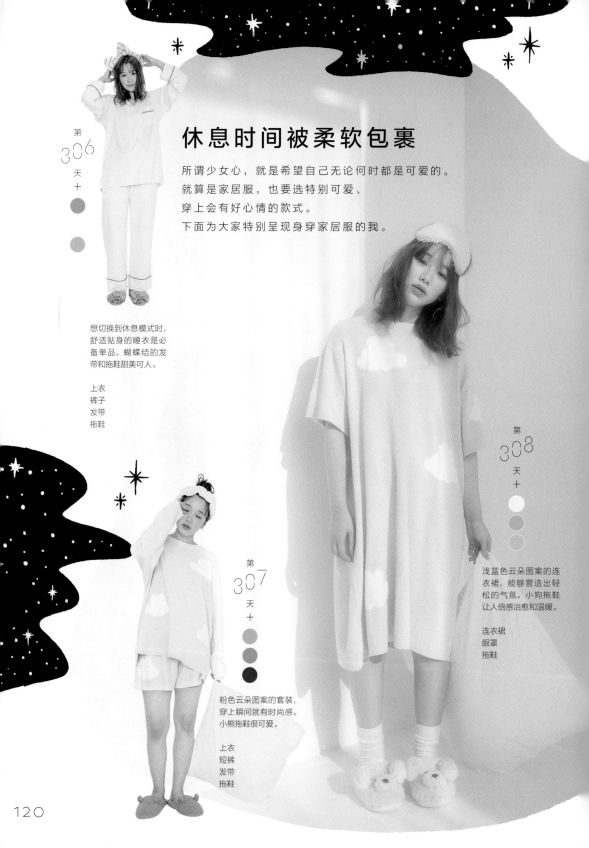

休息时间被柔软包裹

所谓少女心，就是希望自己无论何时都是可爱的。
就算是家居服，也要选特别可爱、
穿上会有好心情的款式。
下面为大家特别呈现身穿家居服的我。

第
306
天
＋

想切换到休息模式时，
舒适贴身的睡衣是必
备单品。蝴蝶结的发
带和拖鞋甜美可人。

上衣
裤子
发带
拖鞋

第
308
天
＋

浅蓝色云朵图案的连
衣裙，能够营造出轻
松的气氛。小狗拖鞋
让人倍感治愈和温暖。

连衣裙
眼罩
拖鞋

第
307
天
＋

粉色云朵图案的套装，
穿上瞬间就有时尚感。
小熊拖鞋很可爱。

上衣
短裤
发带
拖鞋

宽大的针织衫和短裤
是绝配。因为脚露得
比较多，所以穿双厚
厚的袜子保暖。

第
309
天＋

上衣
短裤
袜子

Off
Time

第
311
天＋

第
310
天＋

时尚的条纹睡衣。脚冷的
时候盖条毯子有助于保暖。
刚起床时戴眼镜的样子让
人心动……

上衣
短裤
眼镜

极少穿香蕉图案的套装。套装偏薄，
所以我搭了一件粉色卫衣保暖。

连帽卫衣
上衣
打底裤
拖鞋

欢迎来到可爱的世界

我之前就很憧憬童话般的梦幻世界。
在这里，你可以搭配荷叶边、蝴蝶
结和蕾丝，感觉自己像个公主。

连衣裙的荷叶边领子
令人印象深刻。用郁
金香刺绣和带蝴蝶结
的浅口鞋增加可爱感。

连衣裙
发箍
浅口鞋

第
31 2
天
＋

连衣裙的荷叶边很可爱，可以搭配同色系的鞋帽，打造整体效果。花朵图案的凉鞋也非常可爱！

连衣裙
帽子
凉鞋

第
314
天＋

第
313
天＋

领子宽大的衬衫，叠穿黑色无袖连衣裙，张弛有度。

连衣裙
衬衫
靴子

第
315
天＋

带花朵刺绣图案的网眼针织开衫，搭配色彩柔和的荷叶边半裙，可爱翻倍。

开衫
裙子
浅口鞋

第
316
天＋

设计甜美的卫衣，袖子和口袋采用蕾丝面料，加入黑色单品混搭出甜酷风。

上衣
裙子
靴子

第
317
天＋

设计甜美的淡蓝色上衣是主角。下装和配饰统一成白色系，看起来很清爽。

上衣
裙子
连裤袜
浅口鞋

第
318
天
＋

将绸缎面料的衬衫前
侧下摆塞进裤子里，
利落有型。搭配露脚
踝的高跟鞋，看起来
清爽高挑。

衬衫
裤子
高跟鞋

有光泽感的裙子要选择紧身的
版型。穿双方便活动的平底鞋，
豹纹图案更显别致，增添韵味。

上衣
裙子
浅口鞋

第
319
天
＋

第
320
天
＋

深色针织连衣裙，
搭配粉色开衫，形
成强烈的色彩对比。
简单地披在肩上，
就很好看！

披在肩上的开衫
连衣裙
浅口鞋

"V"领上衣搭配一
条花哨的短裤，带点
小性感。搭配轮廓简
洁的靴子，轻松完成
气场强大的造型！

上衣
短裤
靴子

第
321
天
＋

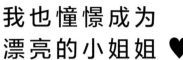

我也憧憬成为
漂亮的小姐姐 ♥

比如贴身版型或荷叶领的上衣，
以及偏保守风格的单品都让人耳目一新。
尝试优雅的风格，
装扮成努力工作的白领女性！

第
32²

天
+

●

●

宽大的套头衬衫搭配紧身
裙是绝配。带有斑点图案
的裙子增加了成熟感。

上衣
裙子
浅口鞋

第
32³

天
+

●

●

亮粉色连衣裙和荷叶边罩衫
的叠穿营造出新鲜感。搭配
深色的鞋包，时尚迷人。

连衣裙
衬衫
包
高跟鞋

就算是复古风
也搭配得游刃有余

选择带花纹的连衣裙时，配饰很关键。不经意露出的紧身裤，其颜色和丝巾相呼应。

第
32₄
天+

连衣裙
丝巾
紧身裤
靴子

● ● ●

VINTAGE

古典风让时尚的范围一下子扩大了。从时尚高雅的欧洲古典风到色彩缤纷的美式风，季里花丸都能驾驭。

第
32₅
天+

○ ● ●

牛仔背带裤搭配蓝紫色卫衣，一下子就有了美式风情。戴上眼镜，增添新潮气息。

背带裤
卫衣
眼镜
帆布鞋

第
3 2 6 天
+

带花纹的外套和高雅的衬
衫是复古风的代表性组合。
浅口鞋的颜色和外套呼应，
和谐统一。

外套
上衣
裤子
浅口鞋

第
3 2 7 天
+

虽然打底衫和连衣裙都有花
纹，但色彩上主次分明，简
直就是穿搭典范。头上扎了
一条丝巾，充满复古气息。

连衣裙
上衣
丝巾
紧身裤
浅口鞋

第
3 2 8 天
+

微透的紫色上衣是穿
搭的主角。搭配色彩
鲜艳的黄色裤子，时
尚又前卫。

上衣
裤子
靴子

第
3 2 9 天
+ ● ● ● ●

同色系叠穿的成熟感
造型。马甲的腰部系
带更加显瘦。

马甲
上衣
裤子
穆勒鞋

粉色、淡蓝色的"维他命色"搭配。从卫衣里露出高领毛衣，随性又时尚。

卫衣
裤子
靴子

第
330
天 +

把街头风
穿得
五颜六色

这几组造型结合了街头风元素和一些平常不穿的单品，颜色也丰富多彩。说不定你会意外地喜欢上鲜艳颜色的组合呢！

第
331
天 +

第
332
天 +

平时也会穿针织款背心，如果和设计独特的裙子搭配，看起来就与平日不同，真是不可思议。

上衣（衬衫和背心的套装）
裙子
发圈
靴子

颜色鲜艳的卫衣带有斑马纹图案的大领子，搭配皮革短裤和长筒皮靴，干净利落。

卫衣
短裤
发箍
靴子

酷飒风 偶尔想要装装酷

和平时的风格相反，
紧身牛仔裤和粗跟鞋子
相搭配。
也可以通过不同的穿法，
尝试属于自己的风格。

第
333
天
+

大胆的露肩上衣，肩袖宽
松，十分显瘦。与脚踝处
的蝴蝶结搭配得宜。

上衣
裤子
靴子

第
334
天
+

紧身裤搭配宽松版衬衫的清爽造型。
凉鞋露出脚踝，更有时尚感。

衬衫
裤子
凉鞋

第
335
天
+

首次挑战微透的蕾丝镂空
下装。搭配厚底凉鞋，显
腿长也是一大亮点。

上衣
裤子
凉鞋

第 10 章
Chapter Ten

时尚记忆
充满回忆的多种穿搭

我将喜欢的穿搭集合，如春夏、秋冬不同的季节、特别的日子、记忆深刻的日子，分为各种场景和回忆给大家进行介绍。

每日穿搭 · 春夏

春夏穿搭以轻快为主。注重叠穿技巧，在春夏穿出清爽感！

第
336
天
+

一看到草坪就特别想
光脚跑一跑，只有我
这样吗？

那天去公园散步，
大自然真的可以让人放松下来，
编织包加连衣裙，十足的少女感。

第
337
天
+

黑色是主色调的话，
记得用浅色的鞋和包
来保持平衡。

第
338
天
+

可爱的穿搭要搭配帆布鞋，
营造休闲感。

第
339
天
+

闲适……
发型也很休闲范儿。
基础色加对比色。

第
340
天
+

夏天建议穿低饱和色，
享受女孩子穿搭的乐趣。
偶尔也想露露腿。

第
341
天
+

低饱和色最棒！
这一套是我典型的风格，
超级喜欢！

第
342
天
+

高腰的百褶裙飘逸有型，搭
配宽松打底衫，营造优雅感。

每日穿搭·秋冬

无论是淑女风还是男孩子气，
都是闲适舒服的秋冬日常穿搭。

"去咖啡厅啦"
第
343
天
+

第
344
天
+

那天非常冷，穿得
胖嘟嘟的。

这样回过头来看，
我秋冬季的成熟风穿
搭还不少呢!

不知为何，
偶尔就会想打扮得休闲
或男孩子气一点。

第
345
天
+

第
346
天
+

好怀念呀……

2年前去东京旅行时的
穿搭。因为我打算去表
参道，所以穿成了带点
甜美的成熟风。

我裤子的下摆是不
是总是很长? 虽然自
己不觉得，但是看照
片总是有这种感觉。
这条裤子好像也很
长呢。

秋天用较深的颜色，
演绎成熟风格。

第
349
天
+

偶尔也很休闲风的
季里花丸!

第
350
天
+

眼镜加帆布鞋。

全身都穿同一品牌

第
348
天
+

低饱和色加成熟
穿搭。偶尔也会
穿双靴子。

第
347
天
+

宽宽大大的超
大号毛衣，非
常可爱。

第
351
天
+

舒适的卫衣搭配舒适的裤子，舒服!

特殊场合

特别的日子里,
我希望打扮成最漂亮的样子。
参加特别活动时,
最棒的 7 套穿搭。

哇!
这是第一次和
姐姐一起
去韩国旅行
的时候,
特别的日子,
特别的穿搭。

韩国的冬天太冷了,
我戴上了粉色围巾。

想要既成熟又甜美的
风格时就这样穿。

フーと
した!
果断剪短
头发的那天。

拍摄于圣诞节去野营的时候,
是我非常喜欢的穿搭……
宿营地也装饰成了圣诞节风格,打动人心。

偶尔也会想打扮得
很休闲,舒适感
是最棒的。

我也很喜欢深色。

我家附近有一
家非常可爱的
饭团店!
这是去店里吃
饭时的穿搭之
一哦。

大家特别喜欢的
迪士尼穿搭,

去迪士尼水上乐园的时候,
头上戴了维尼熊的发箍,
不小心失态了……

去水族馆的那一天满是回忆。

难忘的穿搭

印象特别深刻的 7 套穿搭，
季里花丸推荐的打卡景点！

这一页的穿搭无论哪一
套都让人心动，
充满回忆。

我会根据当天要去的地
方进行搭配！

第
359
天
+

人生第一次
去宜家的那天。

治愈系的穿搭，
是我在大分县的时候最喜欢的一套。
大分县是我经常去的地方。

九州自然动物园，
第一次去的话可能会
有点惊讶！

螳螂跳到鞋子上来了，我惊讶得
"哇啊啊啊"的时候拍的一张照片。

第
361
天
+

这张是在"地狱
之旅"拍摄的，其是大
分县的著名景点。"海
地狱"虽然很有名，但
我更推荐可以接触动物
的"山地狱"和"鳄鱼
地狱"。对于喜欢动物
的我来说，其是非常有
趣的地方。

第
362
天
+

像《阿尔卑斯山的少女》
中的海蒂。

祝你在这一页
也看得开心呀！

第
363
天
+

去福冈的一家
咖啡馆，但是
当时暂停营
业……

第
364
天
+

第
365
天
+

大分县的国东半岛，
有一家很可爱的海边
咖啡馆。在悠闲的乡
下边看海边喝咖啡，
十分惬意！

大分县是每次出门都
可以接触大自然的地
方，我觉得"啊，
能住在大分县太
好啦"。我真的很喜
欢大分县啊，欢迎大
家来泡温泉呀！

别府市的咖喱店
"baccara house"

135

个人生活篇

PERSONAL

第 11 章

季里花丸的妆容和发型

MAKE UP

美妆

基础
_BASIC

可爱
_CUTE

韩式

_KOREAN MOOD

酷飒

_COOL

化妆的乐趣在于能够根据心情和场合改变气质。
从我日常的妆容开始，逐一介绍 4 种不同风格的
妆容。当然，全是我自己化的妆哦。

单品都是作者的私人物品。

美发

AND HAIR

基础
_BASIC
统一色调！标准的季里花丸式妆容

季里花丸式妆容的关键是要保持整体色调的一致。
我平时的穿搭大多是棕色系和低饱和色，
所以妆容要选择和衣服搭配的橙色系。

使用方法

1.将a均匀地涂抹全脸。2.混合b的1、2号色，用手指均匀地涂在整个眼皮和卧蚕上。3.将b的4号色涂在双眼皮和卧蚕上，3号色涂在眼尾的三分之一处，下眼睑的眼尾也涂三分之一。4.用c从下睫毛的眼角勾画到眼中。5.用d在上、下睫毛上少量多次涂刷，延长睫毛避免出现"苍蝇腿"。6.用手指涂抹e，以脸颊为中心向外侧晕染。7.用手指在鼻梁、眼角、脸颊、下巴上涂上f，打造脸部的立体感。8.将g沿着唇线涂匀。

发型重点
文静的公主头

a

b　c

d　　e

f　　g

a. 防晒隔离修颜乳
b. 眼影
c. 3D 两用阴影眼线笔
d. 防水防晕睫毛膏
e. 多用膏
f. 修容粉饼
g. 唇釉

可爱
_CUTE

用水润的眼睛凝望
甜蜜粉色妆容

想要像少女般可爱的
时候，
用大面积粉色的珠光
眼影点缀在眼皮上，
打造让人想要保护的
水润眼睛。
还可以在脸颊上贴几
颗水钻。♡

发型重点
用高高的双丸子头
增加可爱的感觉

使用方法

1. 将 a 均匀地涂满全脸。2. 用手指将 b 的 2
号色涂在整个眼皮和卧蚕上。3. 将 c 的 1 号
色涂在双眼皮和卧蚕上。4. 将 b 的 1 号色涂
在下眼睑眼尾的三分之一处，加深眼尾。5. 用
d 在眼尾粗粗地描画。6. 用 e 从睫毛根部认
真刷起，涂好睫毛膏。7. 用刷子在脸颊中心
和鼻尖刷上 f，刷出红润感。8. 将 g 涂在鼻尖
和脸颊上，产生光泽感。9. 将 h 涂得略超出
嘴唇范围。10. 最后在脸颊上贴几颗水钻。

a   b   c   d e   f   g   h

a. 防晒隔离乳 b. 十色眼影盘 c. 四色眼影盒 d. 眼线胶笔
e. 睫毛膏（打底膏） f. 腮红 g. 高光修容粉 h. 唇釉

韩式

_KOREAN MOOD

嘟嘟唇打造魅力
韩式妆容

要想展现韩式风情，
与透明感肌肤相映衬
的红润感唇妆是关键！
搭配高显色度的色调，
打造水润性感双唇。

发型重点
打造空气刘海
完成韩式妆容

a. 气垫粉饼
b. 十色眼影盘
c. 高光眼线笔
d. 内眼线笔
e. 防水防晕睫毛膏
f. 单色腮红
g. 唇釉
h. 唇釉

使用方法

1. 将 a 涂满全脸，打造哑光肌。2. 用手指将 b 的 3 号色涂在整个眼皮上。3. 将 b 的 1 号色涂在双眼皮和卧蚕上，2 号亮片点在上眼皮上。4. 用 c 将眼线由下眼睑的内眼角画起，往外画约三分之一的长度。5. 用 d 沿着眼睛的形状将其稍微拉长。6. 从根部开始少量多次涂抹 e。7. 在脸颊中心薄薄地涂上一层 f，营造血色感。8. 在整个嘴唇上薄薄地涂上一层 g，用手指向外晕染。9. 将 h 叠涂在嘴唇中央，用手指轻轻晕染，使两唇融合。

酷飒
_COOL

在脸颊使用裸色
很酷的**成熟妆容**

用裸色腮红增加脸部的立体感，描画出清晰的眉毛轮廓，
打造冷肃风格的高级脸。眼影和唇妆用深色感觉更酷！

使用方法

1. 将 a 均匀地涂抹全脸。2. 将 b 的 1 号和 2
号色混合，画出卧蚕的阴影和眉毛、眼角、
鼻翼的阴影，使卧蚕和鼻子产生立体感。3. 用
手指将 c 中的 1 号色涂在整个眼皮上，将 2
号色涂在眼尾的三分之一处。4. 用 d 画眉毛，
重点描绘眉峰。5. 将 e 全色混合，由脸颊较
高的位置向外晕染。6. 沿着唇线以内涂抹 f。
7. 用 g 喷涂全脸，打造肌肤光泽感。

发型重点

大背头显得
面部线条
清爽利落

a. 粉底液
b. 三色眉粉
c. 九色眼影盘
d. 浅棕色眉笔
e. 五色腮红
f. 唇膏
g. 精华喷雾

143

第 12 章

充满幸福感的饮食与健身

让我们享受均衡饮食!

Let's enjoy
diet!

为了穿上喜欢的衣服,我要好好地进行身材管理,享受轻盈畅快。
从开始的 58 kg 减到 45 kg,
下面就来介绍轻松无压的减重秘诀。

• 季里花丸菜谱 •

无须克制享受美食，只须在烹饪方法上下功夫，这就是我的减肥法。
快来看看健康又美味的菜谱吧！

大口地吃蔬菜

控油控糖的健康套餐

用铝箔纸烤鲑鱼、凉拌豆芽菜、蛋黄酱拌白菜、富含蔬菜的豆乳汤，制作一份完全不用油的低糖套餐。想吃很多美食的时候，选择烹饪方法简单的健康菜谱，享受食材本来的味道，也能填饱肚子哦！

白菜千层锅

把猪肉夹在白菜里铺满锅，淋上少量芝麻油和黑胡椒，加热即可！直接吃就很好吃，也可以蘸着醋吃。健康美味的蛋白质组合，没有罪恶感的幸福菜谱！

菜谱包含足量的蛋白质

姜汁烧鸡胸肉

在炒好的鸡胸肉中加入酱油、甜料酒和少许姜丝，做成姜汁风味的烧肉。撒上海苔，看起来更好看。虽然可以在运动后喝饮料补充蛋白，但我也会从食物中摄取优质蛋白质。

运动前的营养套餐

豆浆燕麦烩饭、豆腐、纳豆、生鸡蛋、金枪鱼、炖羊栖菜，蛋白质丰富的最强减肥餐。在运动前吃这个可以充分燃烧身体脂肪哦！早上我也会喝豆浆冲兑的青汁。

就算是甜食也想吃

**每天都喝
无糖酸奶**

减肥又想吃甜食的时候就吃水果！水果中含有酵素，所以最好在早上食用。无糖酸奶搭配水果，如果不甜的话可以加一点纯蜂蜜。

将便利店食品搭配得营养均衡

**给便利店速食
增加营养**

每次肚子饿的时候、没时间的时候、觉得自己做饭麻烦的时候，我就会去便利店。尽量选择高蛋白且低热量的食物，关键是用纳豆、泡菜、豆腐、青汁等补充缺乏的营养！

想要吃大米饭的时候，就用燕麦代替吧

金枪鱼豆浆烩饭

在小锅内放入30 g燕麦片、100~200 mL豆浆、半个浓汤宝、适量黑胡椒，加热，最后加入芝士和金枪鱼就完成了！富含蛋白质的金枪鱼是减肥佳品。这个菜谱希望大家也试一试！

石锅拌饭

在30 g燕麦片中加入50 mL的水，用微波炉加热1分钟。加入纳豆和韩式辣酱搅拌后，放入加了芝麻油的平底锅中翻炒。最后加上韩国海苔、泡菜、生鸡蛋就完成了！想吃韩国料理的时候就吃这个！

明太子豆浆烩饭

锅内加热豆浆，放入蔬菜和切碎的明太子。煮熟后放入30 g燕麦片，煮到燕麦膨胀就完成了。豆浆和水以1:1的比例做成汤，也可以放入奶酪。这是燕麦菜谱中我最常吃的一道菜。

大阪烧

在30 g燕麦片中加入90 mL的水和适量的日式高汤颗粒，用微波炉加热，然后把卷心菜拌进去一起烤就可以了！吃起来很有味道，没有罪恶感的松软大阪烧完成。全部装进塑料袋里混合的话，可以缩短做饭时间哦。

● 锻 炼 ●

为了拥有紧致漂亮的身材，我也在努力运动哦。

我选择从身体中的大肌肉群大腿开始锻炼，下面介绍两种锻炼方法。

动作 01
开合腿

仰卧，抬起双腿直到与地板垂直。

腿部用力不断打开、并拢，直至大腿内侧感到疼痛为止。

动作 02
宽距深蹲

脚尖向外大约45°，两腿分开站立，宽度超过肩宽。

逐渐下蹲，直到大腿与膝盖的高度齐平。做10次×3组!

● 按 摩 ●

我属于容易水肿的体质，所以每天晚上必须按摩。

下面介绍一种简单的、不需要任何工具的按摩法。

用拇指从脚踝到膝盖向上推。

用力揉捏图1所示的位置，直到肌肉变软。

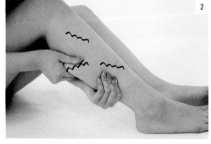

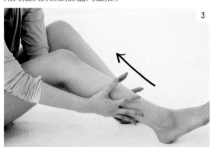

两手展开，向上捋动，促进淋巴循环。

• 季里花丸的幸福秘诀 •

季里花丸能快乐变美的理由在于思考方式，总是笑容满面。实现轻松无压减肥的秘诀有 3 个，下面就来介绍一下。

1. 多多地笑

压力是减肥中最需要避免的，也会成为反弹的原因……为了不积攒压力，要有意识地多笑哦！约朋友见面，打电话聊天，看有趣的视频，做开心的事、自己喜欢的事，总之要笑！即使到了瓶颈期，心情低落，也要注意饮食、做运动，一定没问题的！边这样想，边不时地露出笑容。请多做自己喜欢的事，多专注自己的兴趣爱好，好好享受时光。

2. 多多地吃

忍着不吃东西的话就会带来压力……
所以要多吃健康的食物！建议每周安排一天可以吃自己喜欢的东西，保持动力。但是作为交换，平时要注意饮食的时间和顺序！晚饭不要吃碳水化合物。我尽量也不喝热量高的饮料，因为我想吃同等热量的食物！吃得太快容易发胖，慢慢地享受食物的味道吧。

3. 多多地睡

由于工作原因有时没法早睡的话，之后我会尽量多睡一会儿。偶尔也会因为睡觉时间长导致进食少。多睡觉的话，不仅能调整生活节奏和减肥，皮肤状态也会变好，还能减轻水肿和疲劳。有时候明明很努力，体重却减不下来，不要着急，没关系的！坚持比结果更重要。找到适合自己的方法，就会慢慢变得漂亮起来。

第 13 章

开诚布公，以诚相待

在社交网络上有了粉丝，我的名字也开始为人所知了，
但"季里花丸"到底是谁呢？
对于自己也不了解的"季里花丸"，我重新进行了思考哦。
伴随着大家的呼声，我是如何开始的，又要去哪里呢？

多了解我一点

季里花丸的起点。

高中的时候，我做了情侣纪念日的视频，
当时很流行互送。
我也为了剪辑纪念日的视频，
用了一个叫 MixChat 的软件，

但我把本想发给男朋友的视频，
错误地上传到了社交网络上。
它成了我们现在所说的热播视频，
是我开始做社交网络的契机。

有不认识的人给了我回应，
我感到新鲜又开心，
于是我开始主动投稿。
与其说是自己主动，
不如说是偶然进入了社交网络的世界。

有了粉丝之后，
你是怎么化妆的？
你穿的是什么品牌的衣服？
评论里也开始出现这些提问。
在发布信息和回答的过程中，
我的穿搭和妆容
也开始受到关注，
并逐渐确定了现在的风格。

2020 年 1 月开始用 YouTube 的时候，
我刚辞去护士的工作，
正烦恼接下来要做什么呢。
在那之前，我一直有一个目标：
努力学习护理，努力工作。
辞职后，我成了没事做的人，消沉了。
总之我想成为一个为了目标而努力的人，
所以，我继续使用社交网络，
也开始尝试用 YouTube。
在那之前，虽然我一直在用 Instagram 和 Twitter，
但是觉得视频更能展现真实自然的我，
能让人更清楚地了解我的内心。

希望大家能
更了解我的内心。

只看过我在 Instagram 上的朋友，
第一次看 YouTube 的话，可能会认为是在立人设，
但无论哪一个都是真实的我。
但是 YouTube 上呈现的，是更自然的样子，
或者说更接近朋友和家人眼中的样子。
也许是因为能够展现本色吧。
在用 YouTube 之后，粉丝们也变得更热情了。
叫我"季里（KIRI 酱）"，
每天给我留言的热情粉丝越来越多，
有每次都会对我上传的作品给出回应的人，
也有像写信一样给我写长文的人。
感觉不仅是外表，连我的想法、性格，
甚至内心也好像发生了许多变化。

149

我性格直爽，只要大家想知道，
就不会隐瞒。

最想传达给粉丝的，是我的内心世界和想法，
我非常高兴可以通过 YouTube 来传达。
我不是时尚和化妆方面的专家，只能告诉你们我自己的方法，
并希望把我的这些方法，真切地传达给大家。
所以，说了很多本没必要讲的话。
我不想对想了解我的人隐瞒什么。
如果把没说出口的话一直留在心里，就会心神不定，
会感觉有所隐瞒。
如果听到大家说"想了解很多方面！"
我就会告诉大家一切哦。

虽然我现在活跃在各种社交媒体上，
却并不是带着"必须工作"的想法去做的。
当然，我对工作是负责任的，但比起不得不做，
我更想保持私人生活中的状态，以相对自由的心态来做
所以一有空闲时间，我就会很自然地在社交媒体上工作
彻底休息的时间可能很少。
我遗传了妈妈的性格，如果有太多空闲时间的话，
就会心神不定，所以我觉得还好。

150

我到现在还不知道自己的头衔！
本来是打算当护士才上的护士学校，
但等我注意到这点的时候，已经变成这样了。
偶然开始，自然而然地发展到现在，
所以我自己也觉得和以前相比，什么都没变。
自从开始用 YouTube 之后，
最近终于开始觉得也许可以自称"YouTuber"，
但还是没有自信。

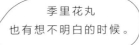

季里花丸
也有想不明白的时候。

虽然不讨厌自己，但也没有自信啊。
也许有人会说，没有自信的话，
不参加公众活动就好了。
但我现在在做的事与其说是因为自己想做，
倒不如说是因为有人在看才做的。
这种感觉很强烈。
因为没有用喜欢或讨厌的眼光客观地看待自己，
所以被问到"优点是什么？"时，会无法马上回答出来，
不过，讨厌的地方也说不上来……
不知不觉中，变得不了解自己了。

不 是 因 为 自 己 想 做 ，
而 是 因 为 有 人 在 看 。

季里花丸，
寻 找 未 来 。

下一年的目标是 YouTube 粉丝人数突破 70 万！
就这么决定了！从 2020 年 1 月开始使用 YouTube，
通过自己的分析，我渐渐明白了，
要怎么做才能让粉丝们开心。
能简单易懂地介绍美妆的人有很多，
所以我会在化妆视频中，
加入自认为不让人厌烦的、越看越有趣的细节。
就算称不上非常有趣，我也会努力让视频更好看一些。

在注重简单易懂、方便观众参考借鉴的同时，
我在剪辑的时候也会注意添加一些有意思的内容。
不要过于简单，甚至会有点追求复杂。我喜欢这样做，是不是有点烦人啊？
我很重视亲近感，请把我当作你的朋友！
5 年后我的目标是粉丝人数 100 万！

第 14 章

和姐姐在一起

季里花丸的亲姐姐惠美姐姐登场！
从关系不好的初、高中时期开始，
直到彼此密不可分的现在，
回顾了一路走来的经历。
欢迎来到亲密的二人世界。

" 如果要比喻，
她（KIRI）是小太阳，
而我是混凝土。
——惠美（EMI）姐姐 "

惠美姐姐
做服装店员的业绩得到认可，
2020 年 9 月就任日本服装
品牌（emutto）的负责人。
因漂亮的容貌、出众的时尚
感和不加修饰的性格而人气
剧增。

惠美姐姐：上
小学之前都是
那种感觉，感觉
是个促狭的人。

季里花丸：上了初
中、迎来青春期之后，
好像不好意思的心情占了
上风，所以就开始装乖了。

惠美姐姐：在老师面前是个好孩
子，在家里却很吵闹，家里人都说她
有双重性格。

季里花丸：对！我现在也依然有在初
次见面的人面前装乖的习惯。

妈打小报告，通过妈妈来教训对方。

季里花丸：那个时候，即使希望关系
能缓和一点，也没想到将来关系会变
得这么好呢。

惠美姐姐：是啊。我现在还记得，季
里有段时间迷上了耳环，并收集了
很多，我到她房间去一个一个偷走，
她发现后超级生气。

季里花丸：那是当然的啊！

季里花丸的童年时期，是很受欢迎的双重性格吗？！

——季里花丸小时候是什么样的呢？

惠美姐姐：总之是个多情的女孩儿，
幼儿园的时候就总是说有关男孩子的
话题。她经常对我和妈妈说"我喜欢
某某""今天牵着某某的手午睡的"。

季里花丸：好像确实经常有喜欢的
人。3 岁的时候就知道喜欢一个人的
感觉！"我想早点见到某某……"，
我还记得小小年纪就认真地恋爱了。

惠美姐姐：而且，还机灵地选择了很
受欢迎的男孩子。然后她还经常模仿
别人！虽然现在也没变，但小时候用
"促狭"这个词形容更合适。

季里花丸：我懂。我喜欢模仿身边的
人，比如幼儿园的老师、打电话时声
音变得不一样的妈妈、朋友的口头禅，
等等。总是在家人面前披露他们呢。

——促狭的性格现在也没有变吗？

强势的惠美姐姐

——两个人的性格相似吗？

惠美姐姐：本性上其实是相似的，比
如性格里的促狭之处。但我可能比较
冷淡，季里比较温柔。如果要比喻，
季里是小太阳，而我是混凝土。

季里花丸：直到步入社会一个
人生活为止，和惠美姐姐的关系
都不好。小学的时候经常打架互
殴，惠美姐姐叛逆期的时候更是
完全无视我。印象中，我们初、高中
的时候基本不说话。

惠美姐姐：是的！虽然住在同一屋檐
下，却真的没有和季里在一起的记忆。
经常互相寻找对方的缺
点，一发现，瞬
间就会向妈

这孩子，
在别人面前
装乖呢。

153

无论何时都会对我给予肯定，有种绝对的安心感。——季里花丸

能和姐姐一起拍照好高兴！

我叫年糕，和惠美姐姐生活在一起。

我又想起来一件事！那天我找不到要穿的衣服了，到惠美姐姐的房间一看，已经被穿过了，还乱七八糟地堆在那儿。我要是生气的话，她就会反咬一口，说"快拿走啊"之类的。

惠美姐姐： 那个时候我的性格就是只要自己高兴就好，现在想起来真是不好意思……

季里花丸： 我总是被欺负，一直哭。那时候真是强弱立判啊。

惠美姐姐： 季里从那个时候开始就是个温柔的人啊，我们姐弟三人，只有季里没有叛逆期。

季里花丸： 是的。后来，弟弟就直接叫我季里，却还是叫惠美姐姐"惠美姐姐"。

惠美姐姐： 虽然我没注意，但确实是这样呢。在姐弟三人中，我似乎位于顶端呢（金字塔的塔尖）。

没有秘密，无所不谈的万金油。

——长大后彼此成为什么样的存在呢？

惠美姐姐： 虽然我的周围少有做公开露面工作的人，但她是从工作到生活都能互相理解的、独一无二的存在。

季里花丸： 对啊，一般情况下即使是姐妹，说起工作的话题也不会如此互相理解。我俩从工作到恋爱，无所不谈，是家人也是朋友，是非常合得来的万金油。

——都会谈些什么事呢？

季里花丸： 比如我恐慌紧张的时候，虽然不能和朋友说，但可以和姐姐商量。因为会被理解，所以我感觉非常安心。有些地方，如果和朋友一起就会紧张不敢去，但和姐姐一起的话就可以去，会得到姐姐的很多帮助。

惠美姐姐： 是啊。

季里花丸： 辞去护士工作的时候也是如此，其他的时间节点也一样，总是很犹豫要不要告诉粉丝们。那个时候喜欢还是护士的我的人很多，担心粉丝数量会减少，所以很不安……像这样一个人无法抉择的事情，感觉全部会和姐姐商量。

惠美姐姐： 和我商量的时候，作为最亲近的家人和季里的头号粉丝，我会先了解她想怎么做、她的真实想法，再给出建议。

季里花丸： 对！姐姐也会去了解粉丝们的心情。我本人对待事物虽然很乐观，但偶尔会有对自己没有信心、消极的时候。在这种时候，姐姐就会说"假如你这样的话，粉丝们应该会喜欢吧"。说了很多鼓励我变得更积极的话，真的对我很有帮助。

惠美姐姐： 季里真的很温柔，虽然有这么多粉丝，却非常谦虚地说"我没有什么优点"，我觉得怪讨厌的……

——惠美姐姐有需要和季里花丸商量的事情吗？

惠美姐姐： 因为季里算是需要常常公开露面的前辈，所以我工作上的大事小事都可以和她商量。觉得我能直接问这么受欢迎的人，感觉真是太好了，非常可靠！还有恋爱、人际关系等，真的无话不说、无所不谈，没有彼此不知道的事。她也总是肯定我，让我觉得很安心。我简直觉得，只要有她在就好，别无所求了。

季里花丸： 有点不好意。虽然没有当面说过，但是彼此都是这样想的啊。

失落的时候，我会第一时间赶来哦！

从没想过关系会变得这么好呢。

惠美姐姐真的很可怕！噼噼！

——有希望对方改正的地方吗？

惠美姐姐： 我以前讨厌她模仿我。比如追星，我喜欢上哪个偶像，季里就也跟着喜欢。全都模仿我呢。

季里花丸： 我们差3岁，所以我上初中的时候，姐姐已经是高中生了，看起来闪闪发光的。她朋友很多、打扮时尚、在班里很受欢迎，让我有点憧憬。我没有那么多朋友，也就一两个好友。姐姐在集体里人缘很好，看着姐姐高高兴兴地从学校回来，我也想成为那样的高中生啊。

惠美姐姐： 原来是这样啊。

——有很尊敬对方的地方吗？

惠美姐姐： 季里超级努力，有品位，对所有的生物都很温柔。

季里花丸： 姐姐很会说话！对初次见面的人、看起来不好相处的人也能很亲切，我觉得这一点很厉害。

比起朋友我选惠美姐姐。这是关系好过头的表现。

——两个人在一起的时候经常会做些什么呢？

惠美姐姐： 两个人都在大分县的时候，经常会去泡温泉啊！

季里花丸： 没错，半夜迷迷糊糊的时候邀请我去泡温泉。虽然很困，但我还是开车去接姐姐泡了温泉。

惠美姐姐： 然后又去季里家里，吃点心并聊天到天亮。

季里花丸： 如果是和朋友的话，就会注意到时间太晚了，但和姐姐在一起就不会，很放松。

惠美姐姐： 即使先和朋友约好了，如果季里来邀请的话，我甚至会回绝朋友。

季里花丸： 这点上，我也是这样（笑）。如果惠美姐姐约我，那么无论如何也想一起去玩，所以会拼命地说"我问问朋友可否推迟约定"。

惠美姐姐： 之前，我们俩在电话里回顾她的历史还哭了呢。那个时候也是她生病有点不舒服，所以才打的电话，她从高中起就是网红了，人生真的很丰富。

季里花丸： 姐姐鼓励我说"你真的一直都很努力啊""是吗？你很了不起啊"。最后我这样自言自语着哭了出来。

——虽然很不舍，访谈最后，请给对方一些鼓励吧！

季里花丸： 有任何烦恼都可以和我商量，只要是我能做到的，我愿意为你做任何事情，随时可以依赖我！

惠美姐姐： 在季里未来的人生中，我想偶尔也会有失落的时候，那时候我会安慰你的，所以请尽情地做自己想做的事，成为大人物吧！今后会如何不得而知，但你身上蕴藏着无限的可能性，我很期待。

想对粉丝们说，季里即使是休息日也常常想着你们，思考怎么做才能让你

只要季里在，我就别无所求了。

——惠美姐姐

们开心。如果大家能陪着季里一起并肩走下去，我会很高兴。

季里花丸： 讨厌，我又要哭了。

做鬼脸也很拿手！

花 絮
OFF SHOT♡

365 套穿搭
365 coordination

一边和工作人员交流一边进行准备哟！

365 套基本都是季里花丸设计的搭配！

拍摄时留下许多美好的回忆，试着变成了造型各异的季里花丸！

很多回忆……
lots of memories...

奖励自己辛苦拍摄的蛋糕上面有自己的头像。

惠美姐姐拍的照片

Selfie!
Selfie!
自拍！ Selfie!

季里花丸拍的照片。

工作照

姐姐的爱犬——纯白的、毛茸茸的小狗年糕。

年糕！
omochi

omochi
年糕！

大家好！欢迎回来！

这本书读起来感觉如何？

虽然也有因为长时间拍摄而想放弃的时候，

但我想看到大家开心的表情，为此我也努力坚持了下来！

负责拍摄的团队工作人员，

大家都很温柔，像家人一样温暖，

这些都是我非常开心的经历……

感谢所有的工作人员，

感谢摄影师菅原景子、藤井由依，

感谢造型师和化妆师北原果、西亚莉奈、冈野香里和江原莲，

感谢设计师前田友纪、高桥纱季、青山奈津美、山田彩子和佐桥实咲，

还要感谢很多人，谢谢大家！

我想这是一本我们一起创作的时尚穿搭配色指南。

我会日日不忘感恩，一直努力下去的！

也请大家今后

多多指教呀！

超喜欢你们的！

季里花丸

季里花丸

1998 年 1 月 3 日生于日本大分县，身高 154 cm。

时尚博主，绝妙的低饱和色运用、与众不同的造型、蓬松但独具风格的穿搭品位，是其魅力所在。

其天然的少女感极具人气，与她合作的品牌都很受欢迎。

2021 年 3 月，她创建了自己的独立品牌"onetome"，并在时尚界十分活跃。

Instagram : @kirimaruuu

YouTube : きりまる

Twitter : @fwafwa7

WEAR : @fwafwa7

图书在版编目（CIP）数据

美丽的365天！时尚穿搭配色手册 /（日）季里花丸著；
陈思译. — 南京：江苏凤凰美术出版社，2022.11
　　ISBN 978-7-5741-0278-1

　　Ⅰ.①美… Ⅱ.①季… ②陈… Ⅲ.①服饰—搭配—手册
Ⅳ.①TS973.4-62

中国版本图书馆CIP数据核字（2022）第193423号

江苏省版权局著作权合同登记　图字：10-2022-313
まるっと 365 日！自分史上いちばん垢抜ける 3 色コーデ帖
By きりまる

责任编辑	龚　婷
责任校对	吕猛进
责任监印	生　嫄
项目策划	凤凰空间 / 周明艳
封面设计	张僅宜

书　　名	美丽的365天！时尚穿搭配色手册
著　　者	[日本] 季里花丸
译　　者	陈　思
出版发行	江苏凤凰美术出版社（南京市湖南路1号，邮编：210009）
总 经 销	天津凤凰空间文化传媒有限公司
印　　刷	雅迪云印（天津）科技有限公司
开　　本	710 mm × 1 000 mm　1/16
印　　张	10
版　　次	2022年11月第1版　2022年11月第1次印刷
标准书号	ISBN 978-7-5741-0278-1
定　　价	59.80元

营销部电话 025-68155675　营销部地址　南京市湖南路1号
江苏凤凰美术出版社图书凡印装错误可向承印厂调换